私人 *Private*
美丽定制 *beautiful custom*

U0216534

宋策 / 郑涵文 / 著

 漓江出版社

亚洲裸妆教父、私人美丽定制专家导师　宋策

Song Ce, Compadre of Asian Nude Make-up & Tutor of Customized Personal Beauty

亚洲微整形美学设计女王　郑涵文

Zheng Hanwen, Queen of Asian Micro-Plastic Surgery & Beauty Design

序

"私人美丽定制"是一个真正让你发现自己的美丽哲学，20 年来的专业实践，让我有幸服务众多女性，包括最当红的明星、超模、政界人士、名流、成功女性和最平凡的女性，尽管她们在各自领域都取得了令人赞叹的成就，但是面对自己的形象依然迷茫。她们可以从容经营事业，却不能从容经营自己的形象。有些人甚至错误地选择了各种不专业的整容和扮美方法，让自己的形象面目全非，这些带给我巨大的震动以及使命感，因为她们事业很成功，但对自己的形象管理却是失败的。

女人的美就如同这四季的变换，你需要在春、夏、秋、冬四季里找到自己标志性的风格。每一个季节又都会有冷暖个性之分，这些跟你的性格、成长背景、五官轮廓、身体线条甚至头发瞳孔的颜色都有着直接的关系。这些特质也会陪伴你一生，成为你最独特的符号。

"私人美丽定制"是一项专业的服务，你可以定制专属的美容 SPA 护肤方法，并通过造型、化妆及服饰定位和微整形设计，塑造你独有的气质，去真正发现你专属的个人形象，让你从此刻开始做自己的风格主人。

作为美学设计专家，郑涵文十几年的专业实践也让她经历无数美的体验和最专业的美学经验，这些让她无惧岁月流逝，更为她留住了美丽容颜和睿智天成的女性魅力！而发现美、创造美、分享美，也是我们写这本书的重要想法。

为了使这本《私人美丽定制》可以更直接真实地呈现当今中国女性形象塑造的过程与效果，我们决定由郑涵文一个人演绎春、夏、秋、冬四季之美，以便让更多女性一目了然地找到属于自己的风格和专属的美丽。在我看来，作为专家在服务于万千女性的同时，自己也必须是完美的，专业的。

当然，让一个专家像明星一样去演绎四季女性的不同魅力，是一种很大的挑战，感谢涵文，不仅出色地完成了私人美丽定制的演绎，而且也带给我无尽的灵感，让我为她打造了很多经典的形象。她用春天般温暖的气息带给我们最完美的答案。

这本书的准备与拍摄是一次难得的美丽经历，我们从寒冬的北京出发到马尔代夫，开始《私人美丽定制》的第一站拍摄，之后又去了瑞士、法国，我们在短短的时间里穿越春夏秋冬四个季节，在途中移步换景，我们设计出了涵文以前从未想过的造型，所幸通过造型和微整形设计，使我们的每次冒险都获得了惊艳的效果！这让我们更加坚信私人美丽定制的能量。同时，这次旅行也让我们在世界最美的城市留下了团队对美执着追逐的脚印和坚定的美丽信仰！

请跟随我们开始一次专属的"私人美丽定制"旅行，穿越四季的美妙风景，寻找那份属于你的美。

CONTENTS 目录

CONTENTS 目录

CUSTOMIZE A SPRING BEAUTY

春季私人美丽定制

　　春天如同生命的开始，万物复苏，一切都像充满了明媚的阳光，无限的期待总在不经意间拨动我们的心弦。

　　如果用心去体会周遭的一切，你会觉得春天就像婴儿，肌肤吹弹可破，瞳孔像琥珀一样清澈，一切都如此的令人感动。是的，春天，生命刚刚开始！如果美丽是一场轮回，春天的女人就是娇媚的花朵，她们在春日含苞，只为在夏日怒放。在这迷人的春日，请跟随我们开启一段"私人美丽定制"之旅，去感受美丽的原动力，去自然里寻找属于你的专属魅力。

SPRING

春季保养计划

　　拥有春天气质的女人仿如温润的珍珠，肤色透白，轮廓饱满、圆润，这种独特的气质带给人们温暖而没有距离的美。她们通常肌肤白嫩有光泽，瞳孔颜色大都会呈现琥珀色，五官轮廓通常不够立体，头发和眉毛颜色相对不会很黑，非常适合淡妆和没有痕迹的裸妆。

　　中国女性中，纯正的春天型女性并不多见，这种风格的女性偏温暖的气质，若不化妆看起来有些平淡、没有生机，她们通常在年轻时肌肤白皙动人，皮肤质地比较薄通透，淡妆的效果非常出众！

ADVANTAGES
AND DISADVANTAGES OF FEMALE TRAITS IN SPRING

春季型女性个人特质

年轻时肌肤白皙干净、红润、有光泽。肌肤的完美巅峰状态在 18~20 岁，过了这个年龄，肌肤衰老的速度会加快，如果保养不当，肌肤跟年轻时比会有很大的变化。

这主要是因为春天型的女性皮肤厚度相对比较薄，皮肤容易敏感，容易因外界环境刺激造成肌肤状态不稳定，影响肌肤迅速老化。

通常 25 岁之后肌肤容易干燥及早衰，容易敏感、泛红，肌肤表层水分和胶原蛋白也会流失得比较多，皮肤会出现很多细纹和表情纹。此时的护理十分重要，尤其是脖子的部分开始出现细纹和眼角有比较严重的表情纹时，最重要的工作就是加强肌肤的抗皱和保湿。同样的，这个年龄的你不化妆时会显得平淡，没有光彩，肌肤变黑时会看起来毫无生机。

郑涵文很幸运，她是温暖的春天型气质。肌肤天然白皙，皮肤弹性好，但是容易敏感，泛红干燥。五官轮廓柔和，浅棕黑的发色十分好看，身材比例很好。春天风格的女性若不化妆看起来有些平淡、没有生机。不过无须担心，通过这本书，你会看到一个 360 度完美的她，在任何一个季节里都可以绽放她专属的魅力，这也算是我们共同写这本书的灵感之源。

春季型女性皮脂膜最容易受伤

尽管使用许多保养品，但是很多人的肌肤依然干燥敏感，甚至肌肤看起来没有任何光彩，由于春天型女性皮肤质地很薄，很容易缺水和干燥，导致皮脂膜受损，此时美容护肤保养最重要的是皮脂膜的酸碱性平衡，这样才会让皮肤呈现最佳的健康状态。

何为皮脂膜？

皮肤角质层的表面有一层由皮肤皮脂腺里分泌出来的脂质及从汗腺里分泌出来的汗液、空气中的灰尘等融合而成的膜，就叫皮脂膜。它由皮脂和水分乳化而成，脂质部分能有效滋润皮肤，使皮肤细腻柔滑、富有弹性和光泽，水分可使皮肤保持湿润，防止干裂，这是人类最原始的天然美容隔离层。

过度清洁会令皮肤自身的脂质制造减少，尤其是泡沫洁面皂，很多碱性偏大，对于春天型女性的肌肤大都不适应，会严重破坏皮肤天然的皮脂膜，如果洁面后感觉皮肤比健康时要干涩紧绷，你就需要重新修护你天然的皮脂膜，再做下一步保养，否则任何护肤品都可能令你肌肤敏感，尤其是春天型肌肤白皙的女性，如果皮脂膜遭到破坏，不但保水功能降低，洁面后还会使肌肤变得干燥、瘙痒甚至蜕皮，对气候等因素的反应力也随之减弱，极易引起肌肤红肿，局部泛红甚至出现敏感色素沉淀，使肤色暗沉没有光泽，不再白皙。

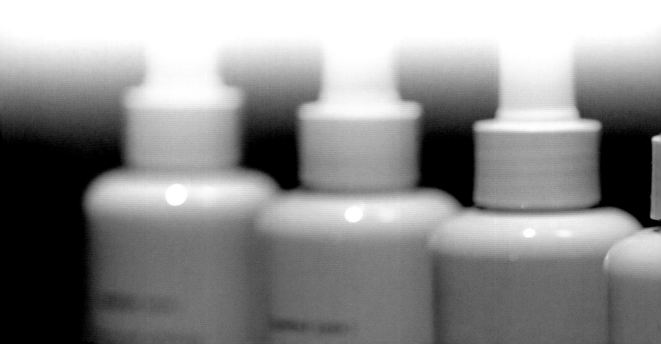

如何保护好你的皮脂膜？

1. 早晚洁面就足够了，过度清洁，使用碱性成分的清洁品，不仅会破坏肌肤的酸碱平衡，也会导致细菌进入肌肤使内部水分流失，造成肌肤深度缺水、刺痛和敏感。

2. 1~2 周做一次去角质护理就足够了。用最新的酵素粉来温和地去掉角质，不能用磨砂削弱皮肤天然的皮脂膜，要选择在晚间进行去角质，经过一夜的睡眠修护，肌肤会重建天然的皮脂膜健康。

3. 注意平衡肌肤 pH 值，皮脂膜呈自然的弱酸性，用普通自来水洁肤本身就会造成自然伤害，要记得用爽肤水来调整肌肤 pH 值。无论你是否涂护肤品，一定要用爽肤水中和自来水对肌肤的伤害，爽肤水也会给肌肤提供水分。

4. 自然老化的过程会让肌肤逐渐变得干燥松弛，皮脂膜会越来越薄，选择含有维生素 A 成分的护肤水或调节荷尔蒙的护肤品，有利于平衡内分泌，保持肌肤平衡柔润。含有维生素 A 的晚霜在晚上使用会让肌肤柔软的同时有保湿的功效。

EXCLUSIVE KNOW-HOW FOR SPRING BEAUTY

春季独家美容秘笈

春季型女性 防晒保湿抗皱最重要

春季型女性肌肤看起来娇嫩细滑，但是由于肌肤容易缺水和干燥，通常皮肤质地不够稳定，但是一般都不会受青春痘的困扰，大部分人的肌肤在年轻时偏中性非常健康，也是很多人羡慕的白皙美人，但是白皙肌肤的女性通常肌肤弹性不够好，因为皮肤的厚度偏薄，非常容易老化。这类型女性最重要的护肤功课就是多做保湿和防晒，借用外界手段帮助皮肤提升健康。长时间处于干燥的高温环境，冷气环境以及阳光和风沙都会让皮肤角质层的表面因干燥而脱屑，并出现裂缝，春天型女性需要保湿面膜，你的肌肤每天都需要充足的水分，每天给自己敷一次保湿面膜会让你的肌肤随时处于最佳状态。但是每周一次深层清洁面膜也十分重要，尤其对于经常化妆的女性非常关键。此外，深度紧致提拉面膜，会给你的肌肤补充胶原蛋白，让肌肤光滑紧致。

阳光对肌肤的摧毁也是非常严重的。在每天正常护肤的基础上，你还需要高倍防晒霜。因为你的肌肤很容易受到阳光的伤害，建议涂上高品质的防晒霜，这会让你的肌肤更安全，也能避免光带来的老化和色斑。

从 20 岁开始就要使用深度抗衰老面霜保持肌肤的弹性。因为春季型女性的肌肤白皙，但缺乏弹性活力。越早了解自己肌肤，提早护理，通过有效的保养你的青春越长久！

春季型女性最需要眼霜防止皱纹

每天 2~3 次（春季型的女性，眼角是最容易长皱纹的部位）。
18 岁便开始使用眼霜，和 30 岁时才开始使用完全会有不同的结果。

白天眼霜的选择

使用滋润度高的油包水性眼霜避免眼角干纹出现。不适合使用啫喱状眼霜。不过如果你白天常在户外，那我建议你白天使用含油分高的眼霜，因为空气中的污染和温度随时会伤害眼睛周围脆弱的肌肤，油分能为你的皮肤加一层保护膜，如果你对阳光敏感，建议你选择防晒功能的眼霜在春夏两季使用。

晚上眼霜的选择

晚上你可以侧重选择水性成分的眼霜，而因为晚间睡眠环境单一，不会有过多污染，所以晚上你只需用含有水分或者高滋润度的水包油的抗皱成分眼霜来护理娇嫩的眼部肌肤。

私家分享明星成分眼霜

　　含有 Natural Biolifting complex 天然紧肤因子，白松露能量的眼霜可以加速肌肤自身的再生进程，减缓眼部、唇部衰老的迹象以及浮肿与皱纹，好的眼霜一定是可以用在唇部减少唇纹的美容品。

　　像郑涵文这样成熟的女性，最重要的是给眼部周围补充水分，并用最有效的成分来防止眼角出现的细纹，避免过多的油分给眼睛带来负担。

CUSTOMIZE YOUR STYLE AND
COLOR OF COSMETICS

定制你的颜色和彩妆风格

化妆风格

清新干净的裸妆，最适合表达你的气质和你白皙的肌肤。在所有女性中，春季型女性最适合用裸妆来展示自己的妆容，你的肌肤白皙干净，浓艳的妆容出现在春季反而不能体现你的气质。要表现清新迷人的气质，记得只需要淡淡的妆容就行。

粉底的选择

粉底的颜色和你的肤色统一就好，不要选择比你的肤色白的粉底，那会让你的脸变得不自然，轮廓也会变得不够精致；也不要使用哑光的粉底，那会让你看起来毫无光彩。要使用带有光泽感的珠光粉底，涂在内轮廓，让脸非常立体。除非你要上电视或者拍摄杂志，否则尽量避免在脸上涂太多干粉，否则，会让你看起来肌肤干燥，不自然。脸上泛动着光泽才会让你在春天里光鲜亮丽。

适合：珍珠色的妆前饰底乳　浅象牙粉色　黄白调子的粉底乳

不适合：深色调子粉底　冷色调子粉底　金色质地粉底

眼影颜色和质地的选择

春天型女性肌肤质地通透白皙，非常适合使用有光泽感的慕斯质地眼影和饱和度不高的色彩，避免鲜艳的色彩破坏你清丽的气质。裸妆最能凸显你的气质。

适合：贝壳粉色　浅金色　银白色　柠檬黄　薄荷绿色　暖咖啡　落日金色

不适合：深黑色　酱紫色　宝蓝色　深紫色

眼线和睫毛的选择

你不适合深黑色眼线带来的反差，你的眼睛线条柔和，瞳孔颜色偏浅，适合深棕色和自然黑的眼线，睫毛可以选择自然黑，避免佩戴夸张的假睫毛，我为郑涵文设计的春季妆容完全使用仿真睫毛，一根一根种植上去，这样才可以做到完美无痕，在任何镜头下都看起来真实自然。

指甲颜色和质地

适合：裸粉色　桃粉色　明黄色　浅紫色　乳白色　浅绿色

不适合：黑色　大红色　金色　银色

发色和造型

发式造型：短发和盘发非常适合，但要根据脸形来设计造型，太过于夸张的长发和过卷的黑色长发不适合春季女性。

适合：浅棕色　亚麻色　金色　这些色彩会看起来肌肤更白皙年轻，也会制造时尚的个性。

不适合：黑色　棕黑　灰色　这些色彩看起来会让你的年龄感加重，没有生机。

DRESS CHOICE OF
SPRING FEMALE
春季型女性的服装选择

选择高明度低彩度的颜色会让肌肤显得娇媚动人，但应避免服装出现大面积金色、银色。温暖的粉色和薄荷绿以及橙粉色和乳白色都很好。不适合鲜艳的绿色和太过于深的酒红色、深咖啡色。

适合：温暖的粉色，薄荷绿，橙粉色，乳白色
不适合：鲜艳的绿色，深酒红色，深咖啡色

JEWELRY CHOICE OF
SPRING FEMALE 春季型女性的珠宝选择

珍珠贝壳、铂金饰品，都是体现她们温润气质的最佳单品，应避免黄金和夸张的饰品出现在这个明媚的季节。

郑涵文：春季型女性微整形和医学保养秘籍

中国大部分春季型的女性，五官比较扁平，立体感不够，但是可以通过安全有效且简单的微整形方法，瞬间就改变你的脸形，今天，无数明星做微整形就像涂抹面霜一样轻松，你会发现岁月并没有让那些光鲜亮丽的明星老去，拿出照片对比才会发现她们的五官在发生悄然的变化，但是却十分自然，这就是微整形的魔力，它在瞬间就可以改变你扁平的脸。

春季型的女性最适合用各种面部雕塑疗程：如鼻梁、下巴以及苹果肌等的注射疗法。 通过雕塑，会让原来平淡的脸立体精致！并看起来更有气势！由于注射疗法十分安全，很多人都会定期通过这个方式让自己的脸更精致，效果通常可以维持 1~2 年，如果你不喜欢也可以很快回复原来的样子。

如果你想要打造完美的肌肤，医学手段也是一种很好的方式。要想获得健康光洁的肌肤，不仅可以进行护肤保养，更可以借助医学的美容手段来完成你的美丽计划。

各种美白针剂和激光美容疗法非常适合春季型女性
要想维持白皙的肌肤，美白针是很多明星的美丽秘密，在这本书里，我会跟大家一起分享它的美白秘密。我个人也十分喜欢激光美容带来的功效，这是护肤品永远无法带来的美丽功效。

活细胞美容排毒疗法是非常有功效的保养，这个方法会让肌肤恒久年轻
肤质白皙的春季型女性通常汗腺不发达，即使运动时汗液分泌也很少。如果加强细胞自我排毒和更新的速度，会让肌肤非常健康。如今，食物和环境污染也让很多毒素沉积在体内，细胞排毒疗法不仅可以疏通排出细胞的毒素，更可以让我们获得健康的身体和新的能量！

TAKE CARE
FROM BODY INSYDE

由身体内开始保养

胶原蛋白、维生素 E 以及排毒美容产品可以多饮用。

春季型女性的肌肤非常容易因为日晒而光老化或是生很多晒斑。为了避免这种情况产生，长期服用维生素 C、维生素 E、深海鱼蛋白以及其他内服美容保养品非常重要。现在也有很多美容品含有人体容易吸收的小分子的胶原蛋白，这对改善肌肤十分有效。因为你的肌肤会随着年龄而失去光泽和弹性，只有从内部去清理多余的色素和污染并补充营养，才可以让肌肤看起来明亮动人。

ENERGY

Meditate in nature for "positive energy of beauty"

冥想获得"美丽正能量"

郑涵文的美丽心语：

　　当我们过多关注身体和面部护理的时候，不要忘了滋养呵护我们的心灵，唯有纯净没有污染的心境才会带出完美的肌肤和身体。尽管专业让我获得健康的身体和肌肤，近些年来我更加关心冥想美容带来的强大正能量，它让我随时恢复最佳状态，容光焕发。

　　通过冥想的方式，我越来越接近完美的自己，我在用这种强大的能量和生活中的负能量对抗，冥想让我获得前所未有的美丽正能量。尽管时间流逝，岁月并未带走健康的肌肤和紧致的身体和面部轮廓，而这一切并非你想象的那么复杂。每天，你只要给自己一段时间，平静地进入冥想状态，很快你便会感受到，这种神奇的美容疗法会让你的肌肤由内而外地散发自信的光芒！

POSITIVE EFFECT OF MEDITATION

冥想带来的积极功效

冥想具有心灵美容排毒的功效

冥想和自然界的融合带来美丽的正能量

寻找聆听心灵深处的自己，减压、释放正能量，摒除负能量！

MEDITATION METHODS
冥想的方法

▪ 在大自然里或者安静的环境下，甚至家里，彻底地放松自己。 进入美好的意境和画面， 让自己完全融入自然界，感受一切自然的气息！

▪ 让身心放松，开始想象你希望呈现的美好事物或情境。想象你的容颜和身体完美的样子，尽可能地去想你所要的细节，使之更真实更生动具象化。慢慢你会发现你有很好的控制能力。

▪ 冥想中，你可以默念一切美丽的语言。 说出你心中想要的美好，这些正能量和积极的话语带来美好的肯定，是冥想中不可缺少的正能量，它会让你的肌肉放松，面部表情舒展 ，慢慢恢复肌肉和身体的能量，获得健康的身体和健康的心态。

▪ 冥想时坚定自己的美丽信仰！相信自己通过一切美好手段和方法能更接近完美的自己。

▪ 让冥想变成你的习惯和生活中不可或缺的部分，慢慢进入完美的禅定状态，由此你不会再被不美好的事物困扰，你追随美丽的正能量！唯有坚持自己内心的美好，你才会获得美丽的密码！

冥想注意事项

■ 穿上柔软的衣服，清晰地感知自己的身体，完全放松。

■ 冥想时让身体通过大自然获得新的能量，慢慢适应，每周至少一次深度冥想，让精神和身体全部接受自然能量的给予。深度冥想当天完全素食或者只喝水。

■ 如果你在大海边冥想，事先涂好防晒霜，选择清晨和夕阳落日的时间冥想会获得较好的效果，远离一切负面能量。美丽同样需要强大的正能量，才能让你在纷扰的世界里找到你想要的自己、完美的自己！

■ 通过冥想让自己获得深度的平静，聆听自己的声音，把你看到的一切美好在冥想的世界里释放，享受一切美好带来的愉悦轻松。

■ 当冥想成为你生活中必不可少的巨大能量时，你会减少对食物的迷恋，身体慢慢变得健康，身材更加完美，肌肤也会获得新的光彩。这是我多年的习惯，这种神奇的美容冥想方式让我获得健康的身体和年轻的肌肤！

OCEANA

Trip of Oceana SPA

海洋 SPA 之旅

SPA 是女性度假放松的最好方式，它不仅可以让你的情绪平缓，更可以让你在自然中感受身体和自然的完美融合。选择好适合自己的香味和适合自己身体的精油十分重要。

SPA 可以让你放松地寻找自己，去感受平静的力量和自然与人和谐相融的美妙。关爱你的身心健康，最好的方式就是逃离污染的空气，去享受一次海洋 SPA 之旅。放松心情！让一切回归自然，享受海风和阳光，抛开一切烦恼，获得一次重生！

自然界是身体和肌肤最好的朋友：海风会扫去一身的疲惫；阳光会温柔地亲吻你的肌肤，做好防晒和护理，无需担心阳光会晒黑你；天然花香和精油会复原你的能量。

SPA 将成为人们回归健康的首选护理方式，你可以聆听海鸟的声音，看日出日落，感受繁花盛开、芳香四溢的天然美景。

自然的能量足以让你的身体复苏，回馈你满满的正能量，让心灵放飞，享受自然的恩典！

BEST TIME
OF OCEANA SPA

海洋 SPA 的最佳时间

海洋 SPA 护理时间，最好在清晨 8 点前或者下午 4 点后，如果时间安排在中午，则要选择避光的荫凉处，避免阳光直射造成的身体肤色不均匀的问题。

做完身体 SPA 后，最完美的就是在天然的海风里休息片刻，在面部敷上一片冰凉的深层补水修护面膜，让肌肤的温度降下来，避免肌肤出现发红、敏感、色斑等问题。

海洋 SPA 之旅精心准备以下产品让美容护理和身体护理更加完美

■ 天然海盐身体磨砂膏

海盐有天然的杀菌功能，海盐成分的磨砂膏不仅可以去除老化的角质层细胞，还可以激活新生细胞，恢复皮肤活力，在身体护理前让按摩师把你身体上多余的角质去掉，让后续的身体护理品更好地吸收，滋养肌肤。

■ 身体护理凝胶

身体凝胶通常有排毒、减肥、消肿的功效，其中所含的成分会帮你紧致身体肌肤，重塑身体线条，还可以帮助你排出体内多余的水分，燃烧脂肪，并且能抑制和延缓橘皮组织对体型的破坏。含有左旋肉碱和植物复合纤体成分以及咖啡因成分的身体护理品塑形美体功效更加明显，会减少你大腿的脂肪，同时收紧大腿和臀部的肌肤，使线条更加紧致！

■ 深层补水体膜和身体防晒霜

身体同样需要深层补水和护理防晒，尤其是在去角质之后和按摩后，水分的补充非常重要，此时专用的体膜会让身体肌肤幼滑细腻！

■ 按摩油

春季型的女性，身体的肌肤也容易干燥，最适合的精油有玫瑰保湿精油、杏仁紧致油和健康天然的橄榄油，它们会温和地护理你的肌肤，玫瑰油让肌肤不会因为阳光的曝晒和海风的吹拂而干燥，杏仁油和橄榄油可以让你的肌肤紧致光滑。身体护理一定要选择有紧致功能的精油和身体凝胶。

FOOT

Beauty starting from your feet

美丽从脚下开始

       细节决定着女人的品位，从一个女人的脚可以看出她对美和自己的态度。你要知道脚部保养会对美容功效产生最直接的影响。穿高跟鞋和缺乏运动都会让脚部出现不同程度的疲惫和老化问题，此时每天护理脚部就像护理你的脸一样重要。

HOW TO TAKE CARE OF YOUR FEET

如何保养好你的双脚

每天用热的生姜水 + 蜂蜜一汤勺混合泡脚。蜂蜜可以软化角质，生姜会加速血液循环，代谢掉运动和疲劳工作后在体内产生的乳酸，让双脚重新恢复活力，同时也可以让双脚的肌肤柔软健康。

生姜精油可以驱寒，让血液循环加快，每次足浴时可以在热水盆中滴入几滴，提升足部温暖力！

每周至少一次用磨砂浴盐去除双脚老化过厚的角质。脚部由于长期运动，角质会变硬变厚，导致脚部肌肤干燥老化，需要精心地去除角质，然后涂上凡士林或滋润霜，凡士林是我用过最实用实惠的足部护理品。

纯棉的棉袜非常适合在晚间护理双脚，你可以在双脚护理后把厚厚的凡士林涂在脚上，再穿上美容棉袜香甜地入睡，长久坚持你的脚部肌肤会越来越柔软。

每天晚上认真护理双脚的女性会比其他女性年轻 5 岁以上，记得不要忽略了美容先从足下开始。

FOOT EXCLUSIVE BEAUTIFUL CUSTOM TIPS

脚部护理的秘籍

郑涵文的美丽心语：

记得永远不要把用完的面膜丢弃，你可以用一点点残余的面膜涂在双脚上，让双脚也享受一次奢侈护理，一举两得！还有你的护肤品如果用不完，请不要丢弃，我至今很少听说脚部用护肤品会过敏，你可以把快到期要丢弃的护肤品涂在脚上，你的脸不需要它，双脚一定需要，并且你也会因此看到惊喜的效果。我收集很多快要过期的护肤品保养双脚，让双脚享受最好的护理。

1. 定期足部护理和修饰你的脚趾甲，好的护理会迅速改善你的疲惫状态，让你健康并充满活力。

2. 指甲保养油可以防止脚趾甲生倒刺以及受损，记得女人的双脚会出卖她的年龄。我建议在保养指甲时，使用高品质的指甲油和护理产品。我并不推荐把自己的指甲做得太过于夸张，裸色和自然柔亮的粉色装扮出的自然光泽的指甲最具亲和力，也最实用和高级。彩色指甲油并非一般日常装扮可以驾驭，不过我建议足形漂亮的女性涂大红指甲油，它会带来戏剧化的美感。尤其你想让自己女人味十足、性感满分时，它可以迅速为你带来这样的效果。

3. 最好请专业美甲师为你来涂红色指甲油，因为这十分需要有稳定的技术和能力。

如果你要成为一个有品位的女人，脚趾甲是你不可忽视的风景。

ESSENTIAL

"QUEEN OF ESSENCE"-- ROSE ESSENTIAL OIL

"精油皇后"——玫瑰精油

　　玫瑰是美丽的化身,总让人们联想到浪漫的爱情故事,而玫瑰精油更因为强大的美容功效,成为精油之王,也是用途最广泛的精油之一。让肌肤超凡水润,舒缓肌肤不适,美白莹亮肌肤等作用,使"精油皇后"的称号当之无愧!玫瑰精油可以成为大多数女性的首选。

　　世界上最好的玫瑰精油来自保加利亚卡赞勒克"玫瑰谷",独特的地理位置和气候环境,使得这里成为每个玫瑰爱好者心中的美丽圣地。

VIRTUE OF
ROSE ESSENTIAL OIL

玫瑰精油的美容功效

■ 皮肤美容功效：深度保湿，淡化斑点和细纹，加速养分与水分的平衡，抗菌、净化、镇静、适合干燥或敏感的皮肤。同时能促进细胞再生、强化细胞毒素的排出，有强壮和收缩微血管的效果，帮助皮肤恢复白嫩光滑，对衰老的皮肤有超强的美容功效。

■ 心灵美容功效：增加幸福感，安抚紧张情绪，舒缓压力。 当你有各种负能量产生时，玫瑰的香味会瞬间赶走这些负能量，提振心情，舒缓神经紧张和压力，能为你带来强大的美丽正能量。

■ 情绪美容功效：促进女性荷尔蒙分泌，催情。有助于改善内分泌腺的分泌，促进人体生理和心理活动。

■ 女性保养功效：调理月经，活血止痛，适合女性在月经前使用，对缓解经前紧张的情绪十分有效。

玫瑰精油的美容方式

■ 闻：

玫瑰芳香分子经嗅觉神经进入人体后，能使人精神舒适、愉悦、惬意，缓解焦虑、抑郁、压力，帮助睡眠，促进新陈代谢让细胞获得再生、提高肌肤的血液循环，使皮肤红润光泽，通过嗅觉，玫瑰精油的功效会让你自然地放松。

■ 熏香：

将精油滴加到扩香工具上，如香薰炉、香薰加湿器等。让精油的香氛扩散到房间的每个角落，以达到杀菌、净化空气或者舒缓身心的效果。同时，精油分子也可清洁和净化呼吸系统，缓解肺部不适。

■ 泡澡或熏蒸：

以前王室贵族们在沐浴时撒满鲜花花瓣，让沐浴充满灵性。现在更简单的方法是，用一勺牛奶或蜂蜜将 6~8 滴精油充分稀释后，加入浴缸中搅匀可以让身体迅速放松，也可以把玫瑰精油放在蒸汽房中让蒸汽把精油的芳香熏蒸到肌肤上加强美容功效。

■ 保存：

光线、高热、潮湿环境都会破坏精油的成分。要用深色玻璃瓶装来保证它的品质，其中以深绿色玻璃瓶最佳，保存期要比其他颜色的瓶子更长。

宋策老师独家玫瑰精油美容秘密

■ 把6~8滴玫瑰精油和蜂蜜混合后放入浴缸里用来泡澡，对滋养女性的身体十分有效。

■ 男性如果要使用玫瑰精油，最好用闻香的方式，过多吸收玫瑰精油会改变男性的荷尔蒙。
尽量不要直接用于按摩。

■ 睡觉前用玫瑰精油按摩，不仅有放松作用还会刺激女性荷尔蒙分泌，让女性的肌肤和情绪都得
到舒缓，十分有利于美容，在晚上9点~10点按摩，配上放松音乐还可以起到排毒的功效。

■ 所有玫瑰成分护肤品都建议熟龄肌肤使用，尤其是干燥衰老的肌肤。

■ 含玫瑰成分的面膜会让皮肤血液循环加快，建议在晚间使用，再涂上含玫瑰成分的护肤品，功
效加倍好。

■ 用干玫瑰花泡出的玫瑰水和面粉、香油混合制成面膜，使用后会让肌肤红润有光泽！
一份玫瑰花水＋一份面粉＋一汤勺芝麻油混合就可以，对保湿和红润肤色一次就见效。

CREATE

CREATE LYING-SILKWORM EYELID

打造卧蚕美人眼

在我们的下眼睑紧邻睫毛下缘有一条约 4~7 毫米的带状隆起，看来好像一条可爱的蚕宝宝横卧在下睫毛的边缘，笑起来才明显，不笑的时候平整，我们叫它卧蚕美人眼。

卧蚕笑起来会特别明显，呈椭圆形，每个人的大小厚薄长度都不同，它让眼型更加精致，眼神变得可爱，令表情更加生动，眼睛魅力十足！

卧蚕眼和酒窝一样，不是每个人都有，甚至过去医生做眼袋手术时还会把生动的卧蚕拿掉，这让眼睛看起来缺乏表情，人会显得苍老，不过现在你可以重新通过安全的微整形注射定位，获得一个完美的卧蚕眼，很多大明星都通过这项技术找回眼睛生动的表情，令眼睛轮廓更加完美动人！

美学专家和医生可以根据你的个人特质来设计卧蚕眼的大小，让你的脸部结构更加完美！并符合你的个人特质！

BEAUTY OF LYING-SILKWORM EYELID
卧蚕眼的美丽能量

卧蚕眼会让你的脸看起来柔和有亲切感，年轻可爱，改变中庭过长的脸形，使眼睛拥有生动的微笑表情，令眼睛轮廓更加完美动人！而过去眼袋手术造成的下眼睑塌陷问题，也可以靠微整形重塑卧蚕眼瞬间解决，只要定好几个点，就可以注射出完美的卧蚕眼！这种技术还可以让眼球凸出的人眼睛看起来更深邃。

BEAUTY WITH LYING-SILKWORM EYELID INBORN?
卧蚕眼美人是天生的?

卧蚕是天生的，卧蚕眼和酒窝一样，在人群中出现的频率很高，但有的人明显，有的人不明显。现在越来越多爱美的女孩子或者女明星会通过胶原蛋白填充、注射玻尿酸或者卧蚕再造术等方式拥有靓丽的卧蚕。

QUITE ANOTHER THING OF EYEBAG
卧蚕跟眼袋完全不同

卧蚕只有在笑的时候才会特别的明显，卧蚕紧邻我们下眼睑的睫毛下缘，呈椭圆形。而眼袋不管你在做什么表情，都是突出或下垂的，而且眼袋离下眼睫毛比较远，呈三角形。

CREATE BEAUTIFUL LYING-SILKWORM EYELID WITH COSMETICS
通过化妆也可以塑造美丽的卧蚕眼

你只要在下眼睑靠近睫毛根部的地方涂上带有光泽的眼影就足够让卧蚕变得明显，记得两端的眼影要细细的，中间部分可以呈现一点弧度，塑造卧蚕眼其实很简单，但是它可以马上让你的眼部拥有最生动的表情。

CELL

THERAPY OF CELL DETOXIFICATION

细胞排毒疗法
让你获得健康的身体和完美的肌肤

当身体慢慢衰老，细胞的活力会逐渐下降，再加上环境的污染，这些都会让身体和肌肤的健康受到伤害。尽管你可以使用昂贵的护肤品包括整形方法让你的情况得到改善，但是这并不能从根本上让你告别岁月和周围的环境带来的损伤，年轻的根源是来自细胞的健康和活力。

我们可以感受到无论肌肤的紧致度还是身体的活力都是我们年轻状态不可或缺的重要部分，在身体处于最佳的年龄时，细胞也处于它的最佳状态，它不仅分裂速度快，同时排毒的功效也强大，因此我们会发现肌肤充满活力。但是随着年龄的增长，外界的污染，你会发现无论怎样努力你的肌肤都无法重现往日的光泽和活力，此时请先调理你的细胞，人的衰老来自于细胞的衰老，而衰老细胞本身就产生毒素，过多的毒素沉积在人体内自然会伤害到你的肌肤，就像一个有一处腐烂的苹果，最终会让整个苹果失去原有的味道和形状，细胞排毒让你的细胞重新获得能量，从而转化产生新的养分供给身体和肌肤，让身体和肌肤通过排毒重现年轻状态。直到今天，细胞排毒一直是好莱坞明星和名流最钟爱的保养方式。

SOURCE
OF CELL TOXIN
细胞毒素的来源

环境污染

首先是环境的变换，空气污染、水质污染、食物污染，更可怕的是血液的污染，所有的这些都会让细胞严重受到威胁，只有健康的细胞才可以供给身体能量，不健康的细胞会不断释放毒素，过多的毒素无法排出体外，自然就会加速身体和肌肤的老化。

精神污染

我们生活在一个高速发展的时代，压力和各种挑战令很多人出现抑郁和各种心理问题，此时最重要的是心理排毒疗法和细胞排毒疗法，当心理积聚太多的负能量，你的细胞开始收集这些负能量，并将它们转化作毒素污染你的身体。

如何防止精神毒素的污染呢？首先要建立良好的沟通和人际关系，让自己尽可能在放松的环境里感受工作带来的乐趣，同时用排毒疗法减轻精神压力，这样不仅可以预防心理毒素带来的污染，还可以有效防止因为压力带来肌肤和身体疾病！

排毒后身体和肌肤改善最明显的是

皮肤的痘痘和粉刺得到改善

粗糙和灰暗的肌肤开始变得明亮通透

眼睛明亮清澈

口气清新干净，身体轻松

对于过多毒素沉积导致的面部斑点会有明显淡化的作用

腹部堆积的脂肪减少，体重减轻，同时肌肤更加紧致

睡眠得到彻底的改变

人体的基本单位是细胞，细胞膜控制着细胞内外物质的交换，当细胞膜的膜电位为 70 ~ 90mV 时，细胞内的毒素就能很好地被排出。当体内大量毒素积累，细胞膜的膜电位升高，细胞膜的通透性下降，细胞的排毒能力下降，毒素就不能从细胞内排出。所以选用健康的排毒方式会让肌肤和身体获得新的能量！

DETOXIFICATION METHODS 排毒的方法

酵素排毒：酵素（也叫活性酶）能全面分解排除身体内隐藏的毒素垃圾。先排掉肠道宿便，然后排除血液垃圾，平衡血液 pH 值，最终净化脏腑细胞内外毒素，全面为人体进行一次大扫除，让身体恢复年轻状态！

血液排毒：现在美容界掀起了血液排毒美容法，这种方法直接有效，尤其是对一些疾病也有很好的治疗作用！但是防止血液污染是重要的问题，所以需要十分专业的医生和医疗中心才可以完成。

细胞排毒：通过各种专业的排毒药物迅速清理细胞内的毒素，让细胞重现活力，专业的排毒会通过你的血液检查和基因检查的报告结果，确定如何根据你的身体情况来有针对性的排毒。每个人的身体不同，排毒方式也不同，但细胞排毒是最直接有效安全的方式之一。

心灵和精神排毒：越来越多的人在各种灵修课程中和各种精神成长课程里寻找自己，释放负能量，这是一种很好的排毒方式，也是健康绿色生活方式！

运动排毒：适当的运动不仅可以排除体内毒素，
也会让情绪得到很好的舒缓从而给细胞排毒，
但是过度运动会损伤细胞，产生新的毒素堆积体内，造成肌肤和身体老化。

口服药物排毒：速度相对比较慢。
不过只要医生根据你的身体来调配适当的排毒药物就完全是安全的。

针剂直接注射排毒：专业的医生会根据你的肌肤状态和体检报告开出专业的排毒药物清
理细胞的毒素，排毒一周后身体一般就会有良好的变化，轻松，干净，肌肤通透！

WHITE

Be a professional "white slim beauty"

做个职场"白瘦美"

美白护理是春季型女人一生的功课。要保持肌肤的白皙，需要设计一套自己的美白护理计划，严格遵守护理计划，让你白得美，瘦得美！

时代总是带给我们太多新鲜的名词，美容达人在不断地挑战着美的极限，女人对肌肤完美的要求永无止境。但自古以来，以白为美的观念依然没改变，尽管小麦色的肌肤是流行和时尚的标志，但是很多人仍然想要拥有白嫩幼滑的瓷白肌肤。她们不仅要求肌肤白嫩细腻，更要求自己的脸蛋儿如明星般精致，不仅要白，要瘦，更要美。

我身边太多女性在追求肌肤的白皙明亮，一直在向"白瘦美"的目标不断挺进，她们要求自己的脸如同瓷器一样白，光泽如同珍珠一样动人。

她们有苛刻的护肤要求，24小时美白计划，出门打遮阳伞时刻防晒，连食物都是要求必须有美白瘦身功效的！美白面膜和美白精华是她们的最爱。

她们严格控制着自己的小蛮腰，每一天清晨醒来就量腰围，查看自己的体重，然后必须喝一杯美白清肠水。让她们喝一杯咖啡和有色饮料就是犯了大忌！

胶原蛋白和美白饮品是她们的随身法宝，少了这些，"白瘦美"连情绪都会变得起伏不定，生怕疏忽一个细节让自己的美白保养前功尽弃。这些对美白的苛刻需求，尽管让生活少了很多乐趣，但是不得不承认，美白就是一门需要落实到生活的每一个保养细节里才能完成的功课！

美丽需要一种能量和坚持，这些美的要求也可以看出一个人的控制能力，"白瘦美"会把这些严格的自我要求和自我约束能力带到工作中，让自己不仅拥有完美的容颜和身材，更可以带来工作上的出色表现！做个"白瘦美"，让你白皙的肌肤闪动着瓷器般的光泽，你会成为春天里一道美丽的风景。

　　有着精致小巧轻盈的身材、吹弹可破的肌肤，一切源自她完美的追求，她的肌肤白皙健康，完美无瑕，完全依赖于自己勤奋的护肤和美白保养功课，所以她只需要淡淡的裸妆就足以透出白瘦美的高贵清新气质。

女人最重要的是知道自己要什么，并不是每一个人都适合白瘦美，身高160~170厘米之间清瘦的女孩子最适合"白瘦美"风格。但是从严格的美学角度来看，"白瘦美"将成为未来审美的主流。"白"让你看起来清新慧智，"瘦"让你可以穿上最想要的S码时装，你还有不美的可能吗？

PERSONAL SIGNS OF "WHITE SLIM BEAUTY"

"白瘦美"的个人标志

SPRING

春日告 "白"

SPEAK TO SPRING DAYS

采策独家 3D 美白立体护理

大部分美白产品成分会令肌肤干燥，所以在做美白保养时，肌肤很容易变干有干纹，因此美白和保湿需要双管齐下，才能制造效果加倍的白皙水嫩肌肤质地。春季型女性大部分肌肤都比较白皙，保湿和锁水是第一步也是最重要的护理，如果肌肤干燥会影响美白成分的发挥，此时有些美白产品成分还容易引起肌肤的敏感。

　　郑涵文的肌肤白皙干净，属于敏感缺水型的肌肤，所以在马尔代夫拍摄化妆期间我每天都会安排她早上使用保湿面膜，晚上用 3D 美白护理法，不仅让她肌肤水润动人，通过护理达到的立体脸庞也非常上镜 。

　　3D 美白护理方式是我坚持很多年的美容方法，对于演员和更多追求上镜的小 V 脸的女性来说这个方法会令你很兴奋，你会通过意想不到的立体美白护理轻松变成小脸白美人。

3D 美白让大脸变小脸

　　把美白精华只涂在 T 区和想要变白的部分就可以了。连续 15 天后你会看到惊喜的效果。你的脸白得非常立体。不要把美白精华涂在脸部外轮廓，用轮廓紧致精华和保湿精华涂在外轮廓会让你的脸精致立体，而且通常我们的外轮廓肌肤也不会有斑点的困扰。此时这个部分只需要做保湿和轮廓紧致护理就可以让肌肤健康有光泽，避免了美白成分发挥功效让脸部外轮廓面积变大。

　　脸部肌肤最白的应该是 T 区和苹果肌以及下巴的部分，这样你的脸更有立体感，外轮廓通常会比 T 区肌肤暗，这样才会让脸形更完美精致。

美白 + 防晒双管齐下维持美白功效

　　春天是紫外线迅速变强的季节，每天的美白护理面膜带来的白皙肌肤，也许因为一下午的阳光照射让你变成黑天鹅，所以要特别注意你可以一天内敷面膜两张，早上用保湿面膜，晚上用晒后修护面膜为肌肤降温，肌肤晒红之后就会变黑，所以及时给肌肤降温会防止肌肤变黑，这样同时又可以及时给肌肤补充水分，促进美白保养品的吸收。

关于防晒首先是防止晒黑和防止晒出色斑，更要防止光老化，美白产品大都是通过抑制酪氨酸酶的活性防止黑色素出现，但是肌肤内部适当的黑色素会保护肌肤深度晒伤。

美白之后由于酪氨酸酶的减少肌肤会变得脆弱，此时要选择高品质的防晒霜阻挡阳光晒黑肌肤，记得很多防腐剂和紫外线吸收剂也会在阳光的照射下刺激皮肤产生更多的黑色素和自由基加速色斑的形成和光老化。

物理防晒霜最安全。春天的紫外线照射过度会让肌肤的胶原蛋白流失断裂受损，让肌肤失去弹性，当肌肤弹性下降，自身防晒和抗老能力也急剧下降，此时肌肤表面无法储备充足的水分和营养，所有的美白护理品功效也会受阻，只有防晒和修护好肌肤才会锁住大量水分，让肌肤时刻保持白皙水润的饱满状态。

3D 美白护理秘诀

早上的护理程序：

第一步：柔和清洁

使用乳液质的美白洗面奶清洁脸部，通常我建议睡眠环境干净时，早上洗脸不用任何洁面品，你可以用冷水直接拍面，这样会让肌肤更有弹性，也避免水分过多流失。

第二步：爽肤护理＋补水护理

接下来用保湿功能的爽肤水再次清洁滋润肌肤，至少两次爽肤让肌肤喝饱水分。

第三步：拍面按摩

然后双手搓热轻拍脸部 30 下，冷暖交替会促进肌肤血液循环。

第四步：涂精华和眼霜

按摩后涂上局部美白精华，在眼部涂上深层抗皱眼霜。

第五步：美白＋隔离

涂美白保湿霜后，最后涂上防晒霜和隔离霜，再根据自己的需要做好隔离和上彩妆。

特别建议：

如果你的肌肤不干燥，可以在保湿爽肤水后再加一层美白保湿水，会让美白功效更强大。如果有黑眼圈，建议早上使用眼部美白精华打底后再涂一层抗皱眼霜。

晚上的护理程序：

第一步：卸妆

用植物性卸妆油卸掉白天的彩妆，即使你不上彩妆，也建议你用卸妆油，因为空气中的灰尘和护肤品白天氧化带来的污染也是需要卸妆的。

第二步：深层清洁

可以选择泡沫型美白洗面奶，用丰富的泡沫去掉多余的卸妆油和脸部的污垢。

第三步：爽肤再次清洁

用保湿成分的爽肤水＋美白保湿水（两次给肌肤充足的水分），然后再敷上一张美白面膜，卸掉面膜后，在需要肤色明亮的额头、鼻梁、颧骨和下巴处再涂上美白精华，继续让美白功效加倍，接着涂上美白乳液，再涂上眼霜就可以安心睡上一个美容觉了。

第四步：面膜特别护理

美白面膜＋保湿面膜每天一片交替使用。清晨醒来冷水洁面、爽肤后敷上保湿面膜就可以让肌肤水分充盈，晚间则使用美白面膜，交替使用，美丽不留空白；晚上护理选择高效美白成分的精华对付肌肤暗沉和斑点十分有必要。

CHARM

Customize your exclusive charm

定制你的专属魅力

塑造你专属的女性魅力

　　通过私人美丽定制，你可以找到属于你的每一个正确的美丽符号，这并不是奢华的、只属于少数人的美丽私享，只要你想，你随时可以去发现和找到适合你的方法，剩下的就是反复去感受它带来的美丽能量，慢慢地你就会找到属于自己的风格，你会获得真正的自信，这个美学概念将会影响你一生。

　　风格在一个人生命的过程里是专属于你的符号，美丽定制不是让你变成另一个人，而是从你的身、心、灵全面打造你的专属美丽！

　　春季型的女人有着如同铂金和珍珠般迷人的气质，这就是代表你个性的最独特的符号，虽然你清丽脱俗，但柔软的外表并不代表你内心柔弱，你同时可以拥有坚强的内心。

SKIN

Skin whitening
身体美白

要获得全身的美白，最好定制一套专属的身体保养品

从去角质磨砂膏、美白按摩精油到全身美白身体护理膜，都可以完美的呵护你的全身肌肤，让它白皙紧致，但是因为日晒，暴露在外的肌肤依然会变黑。此时全身美白，你需要更多从内部开始调理，通过肌肤的代谢和更新令肌肤由内而外的散发出健康的光彩。

目前全身美白方式有全身激光嫩肤美白、全身美白针精准美白和口服美白胶囊。口服美白胶囊刺激胃部而且效果缓慢，相比而言全身激光嫩肤美白和全身美白针精准美白更加安全有效。光子嫩肤和全身美白针注射带来女人完美的肌肤，是明星们保养的首选方式。

EQUAL NECESSITY OF SKIN WHITENING
INJECTION AS DAY-TO-DAY SKIN CARING
美白针就像日常护肤一样必要

美白针也称"美白抗氧注射"，简称 VSC，是以点滴的形式来注射的。可以达到迅速且均匀地遍及全身的效果。美白针里的成分包括谷胱甘肽、传明酸和维生素 C，一些加强型的美白针还含有 HGH* 等生长因素。美白针里的谷胱甘肽有助于身体排毒，也可帮助细胞抗氧化。

美白针含有多种对人体健康有益的复合成分，能抑制细胞氧化，快速分解人体肌肤的黑色素，修复受损细胞，令全身肌肤白里透红、恢复弹性，同时对已经形成的暗疮和斑点具有淡化作用。日本及韩国的女明星都定期注射美白针，因为亚洲女性肌肤色调偏黄和黯淡，非常容易聚集黑色素，所以美白针成了女性全身美白首选的秘密武器。

■ 美白针适用人群

1. 面部色斑与全身肤色较暗的人

2. 晒后皮肤需要修复的旅游者

3. 整形术后、光电治疗后皮肤需要保养者

4. 生活不规律、过量饮酒或肝功能不佳而导致的肤色不佳者

■ 美白针见效时间

通常美白针 15 天就会快速让肌肤变白，2 到 3 个月注射一次美白针就可以持续保持肌肤如雪，白皙动人，淡化斑点的功效也十分惊人。尤其对身体皮肤的暗沉十分有效。

■ 美白针使用禁忌及注意事项

1. 孕妇及心血管病患者

2. 女性生理期

3. 对维生素过敏者

4. 糖尿病患者

5. 其他严重疾病患者，尤其是对由内分泌造成的色素问题，效果较差

6. 在注射美白针一周之内，不能做激光、磨皮及果酸治疗

7. 注射美白针一个月内，勿过度日晒、做日光浴

*HGH(Recombinant Human Growth Hormone for Injeetion)，重组人体生长素，含有丰富的蛋白质、卵磷脂、脑磷脂、氨基酸、维生素、微量元素等。

BEAUTIFUL

Find the most beautiful self

遇见最美的自己

郑涵文的美丽心语：

我生长在舟山群岛的一个小山村，在那里与自然的亲密接触给了我对于美的最初启蒙。每天迎着金灿灿的太阳惬意呼吸，伴着时而温柔时而猛烈的海风自由嬉戏，看无垠的大海波涛翻涌，海鸥飞翔；看风吹过漫天黄金色油菜花海时的迷人曲线；看爸爸油画笔下松鼠的雀跃，松树的挺拔。这儿时的一山，一水，一花，一草都给了我与自然之美连接的钥匙。

在我读师范时，美，常常在我笔下呈现，直到有一天见到一张黑白的奥黛丽·赫本的画报，浓眉、秀目、发髻高绾，这清丽灵秀的少女气息再次激发了我对美的憧憬和向往。心中有个声音告诉自己，我要做美的事业。

因为对美的信仰，我比他人更知道美丽容颜稍纵即逝，于是我决定开始把精心呵护每一个女人的脸作为我一生奋斗的事业！

女人的美如同一枚钻石，要呈现璀璨，就需要磨砺不同切面。如微整形的雕塑，美容的呵护，妆容的定制，服装的搭配；又如香疗的灵性，撮香的宁静，瑜伽的拉伸，运动的状态，灵修的合一；再如对艺术的鉴赏，品酒的高雅，家庭的和谐，不断学习的成长……这所有的面都将成就一颗闪烁的钻石。女人，要如同钻石一样，越大越美丽。你无须担心时光流逝，很多时候你的美丽掌握在你的手里。

当我们不停地与内心那个美丽的自己对话，你会发现身边所有的事物都更美好，哪怕是一根从石头缝中长出的嫩芽、一只不期而遇的小飞蛾的翅膀、抬头间一片叶子的脉络、陌生人眼中的温暖。

　　美，真是令人沉醉。让我们带着美的眼睛去观察世界，发现和接受以前拒绝的种种美丽，从而丰富自己，接受自己，疗愈自己。

　　最美的自己，就像玉石，润养满溢，才能润泽他人。以这样的心态，在美学设计中，也能以更包容的眼睛去观察每个女性不同的美，包容不同的美，欣赏不同的美。每个女人，都像玉石一样，需要发现那抹莹绿，慢雕、细品而传世。

　　这个世界，因为鲜花而色彩斑斓；因为女人而璀璨生辉、美丽异常。

　　女人如花，会有不同形式的美：含苞待放的清秀之美，全然怒放的妖娆之美，收敛成熟的永恒之美。而最美的就是你蜕变的过程，蓦然回首当下最美。感谢私人美丽定制的旅程让我发现了另一个自己——最美的自己！

CUSTOMIZE A
SUMMER BEAUTY
夏季私人美丽定制 S

如果说春天是女性的初生季节，我坚信夏天就是女人绽放的季节。

生命的轮回总是历经春夏秋冬，唯有夏季里一切都是最饱满热情的，此时你的身体、肌肤和人生积累都处于最佳的时刻；此时的你不再畏惧生活，开始勇敢地尝试新生事物，勇敢地去展示自己的美丽，享受工作和生活带来的每一刻新鲜感受；此时的你对生命保留了最热情的态度，勇敢地面对每一天，即使因为这种热情会带来一些意外的失败，你总会以最饱满的心情面对美丽和未来。这就是夏季型女性最迷人的气质，热情、迷人，散发着阳光的气息！这是一个阳光拥抱灵魂的季节，因为你的态度决定了你的未来，也决定了你阳光般迷人的容颜。

SUMMER

CARE PLAN ON CUSTOMIZED SUMMER BEAUTY

夏季保养计划

对于夏季型女性来说，你的皮肤容易随着阳光的影响变得黯淡缺乏光泽，此时要恢复原本肌肤的明亮，你需要专业的保养方法，同时也可以透过化妆和服装色彩的选择让肌肤明亮动人。

在这里，我们会带给你与以往不同的保养观念。

ADVANTAGE AND DISADVANTAGES
OF FEMALE TRAITS IN SUMMER
夏季型女性个人特质

偏古铜色的肌肤、褐色的瞳孔以及比较浓重的眉毛，显露热情的拉丁风情。在中国，很多少数民族的女性属于这个季节风格，通常遗传基因对风格的形成起到决定性的作用，但是阳光和环境对肌肤会也形成很大的影响，夏季风格的女性，总会带给人阳光般热情积极的味道。

尽管郑涵文不是夏季型风格，但是在拍摄这本书的内容时，我们越过炎热的马尔代夫海洋，阳光亲吻了她白皙的肌肤，让她的肌肤也呈现了健康的夏季味道，所以我们设计了一组热带风情的夏季风格造型。她是一个在美丽面前非常勇敢的女性，她愿意通过"私人美丽定制"去展示不同的气质，从服装、造型到配饰，很多设计都是她以往不敢尝试，但是当她看到造型后的自己和镜头里的自己时，她打消了疑虑，因为造型后的她，时刻散发着阳光般的气息。

由于肌肤紧致偏黑且光滑细腻，所以会弹性十足，不容易出现皱纹，保养得当的夏季型女性要比春季型女性显得年轻 5~10 岁，因为黑色肌肤的女性皮肤紧致、轮廓清晰、肌肉线条结实，加上大量运动，也会让身体和肌肤拥有活力和健康的质感。

我非常地欣赏和迷恋古铜色肌肤的女性，她们带着阳光般的气息，白皙的牙齿，紧致的身体线条和轮廓。一切华丽的色彩在她们身上会产生令人窒息的魅力。金色银色和丝绸质感的服饰及妆容会让她们像绽放的花朵般迷人。

不过，夏季型女性容易受到各种斑点的困扰，看起来比较憔悴。尤其是过度日晒之后会让皱纹很深，即使皮肤变白之后，皱纹依然存在，所以要十分重视防晒和保湿工作。

我建议，即使你的肌肤是古铜色，也要使用防晒霜来保护肌肤的真皮层，以免被晒伤后造成永久性的真皮层胶原蛋白流失，这会让你的皱纹很深，也非常难以修护。

夏季型肌肤最适合深度清洁面膜和紧致面膜。但是建议每一周至少使用 2~3 次保湿面膜，让肌肤吸收不同的营养。

EXCLUSIVE KNOW-HOW FOR
SUMMER BEAUTY 夏季型女性独家美容秘籍

夏季型女性最大的优势就是肌肤弹性好，要想维持肌肤的弹性，最重要是运动按摩和使用高品质护肤品，我并不建议肤色偏暗沉的夏季女性过度美白，在我看来古铜肌肤是你的标志，你只需要用护肤品保持你肌肤的光泽和弹性就好。拥有健康的小麦色肌肤，非常令人羡慕，但如果你实在想要变得白皙，我建议你用我的局部美白法就足够了。我建议你只要在 T 字区美白就好了，这样不仅肌肤立体感十足，还很好地凸显你古铜色的肌肤优势，因为无论你怎样美白，都无法与天然的春季型白皙美人媲美，还是保留你健康的古铜色肌肤最好，你的护肤重点是加强肌肤的光泽，让肌肤弹性十足。在选择护肤品方面，一定要使用各种按摩油和植物成分的护肤品保养肌肤；绝不要使用动物油和生化制剂的美容保养品。否则会让肌肤容易在阳光的照射下变得更黑。

适合夏季型女性的其他保养方式

最适合夏季型女性的美容方式是专业 SPA 按摩，面部的美容按摩护理可以保持你脸部肌肉的紧致度，身体 SPA 会让你的身体线条更柔软，肌肉更结实

夏季型女性通常运动细胞活跃，适合用各种运动来让自己放松，为身体带来新的能量。慢跑、游泳、瑜伽和快走，这些有氧运动都是让你年轻的好方法，它们对你的体型气质和肌肉线条的锻炼有很大的帮助。但运动会加速你的血液循环，让你的身体长期处于兴奋状态，时间久也会伤害健康，过度运动也会让人早衰，这也是很多大量运动后的人难以平静的原因。通常夏季风格的人很难平静下来，所以在运动后你需要能带给人平静力量的音乐让自己放松，恢复活力。在夏季型女性保养部分我和郑涵文为大家分享了很多有效的 SPA 放松方法，还有运动美容的方法，相信你会从中获得很多美的能量。

CUSTOMIZE YOUR
STYLE AND COLOR OF COSMETICS
定制你的颜色和彩妆风格

由于纯正夏季型女性肌肤大都偏黑，非常适合表现各种夸张妆容。在这一个季节中我们明显加重了郑涵文的眼妆，因为她是春季型的女性，所以我们保留了她健康光泽的春季型肌肤特质，春季型女性与夏季女性相比妆后的气场更加亲和自然，但是妆容视觉的冲击力没有纯正的夏季女性张扬。你所熟悉的好莱坞巨星哈莉·贝瑞、 詹妮弗·洛佩兹都是典型的夏季风格，她们浑身散发着生命的活力，通常她们妆容都十分有个性且极具视觉冲击力。

粉底的选择

适合：深色调的象牙白 古铜色调的底妆 金色妆前饰底乳

不适合：冷白、粉白基调粉底

你需要选择暗色调的粉底，并且一定要带有光泽的产品才会让你的肌肤健康充满活力。我建议你在涂粉底之前先涂上一层金色的饰底乳，这会让你的脸颊紧致健康，整个肌肤也显得十分健康，还会制造最时髦的古铜色妆容。

眼妆颜色和质地

明亮的金色和性感的烟熏妆以及朋克风格的眼妆十分适合夏季型风格的女性，个性十足的妆容、夸张的眼妆和各种金属质感的妆容，艳红色、金色等饱满唇色和饱和度极高的眼影都适合她们。这样的女性无论在生活还是舞台上都十分耀眼！

适合：绿色 金色 蓝灰色 亮紫色 蓝紫色 深浅咖啡色 亮粉色 米白色

不适合：红色 灰色 银灰色

眼影质地和眼线的选择

黑色带光泽的眼线适合你表现时尚夸张的眼妆，要选择有光泽的深色眼影，这种质地会让你的眼妆有魅力。即使你喜欢淡妆，我也建议你一定要在眼睛上精心描画，把眼妆作为重点会让你看起来很摩登，也绝不会出错。

夸张的假睫毛

这个季节女性眼妆最适合夸张的睫毛表现个性化的妆容，黑色假睫毛会让你的眼睛很有魅力，你也可以选择一些自然风格的睫毛让你看起来自然生动。

卷翘加浓型的黑色睫毛膏最适合你的眼妆，棕色睫毛尽量避免，会让你看起来不够有神采。

唇部彩妆颜色

纯正的大红色唇膏和金色以及裸色等一切带有光泽的唇膏都非常适合，但是艳粉色和饱和度极高的颜色也是夏季风格女性的颜色，不适合哑光质地的唇膏，亮亮的唇彩和带有蜂蜜调子的唇膏则最适合体现这个季节女性的自然健康。

适合：铜色　裸色　玫瑰红　大红色　珊瑚红　金棕色　咖啡色　橘粉色

不适合：浅驼色　浅橙色　深黑色　白色

胭脂的颜色选择

适合：棕色调子　金棕色　砖红色　玫红色　古铜色　裸色

不适合：浅粉色

指甲的颜色

适合：浅蓝色　亮粉色　蓝紫色　金色　白色　红色

不适合：黑色哑光

发色及造型

适合：金棕色　玫瑰棕色　紫色　黑色　蓝灰色　乳酪黄　夸张的粉色绿色和蓝色（适合在 Party 中使用）

不适合：银白色　金色

各种短发和时尚的发型以及夸张的造型非常适合夏季型女性，飘逸的长发和动感十足的卷发更适合张扬的个性。

最适合打造古铜色美人妆

你看到的杂志上那些古铜大美人，很多是用粉底和太阳灯共同完成的杰作。如果你想凸显你健康的肤色，可以选择专业美黑，你可以选择助黑油在专业美黑中心晒几次，这会让你获得十分健康的肤色，而且完全避免阳光带来的肤色不均匀现象。对于夏季型女性来说，肌肤黑比白更有魅力。建议大胆美黑，制造巧克力美人的独特标志。

DRESS CHOICE OF SUMMER FEMALE
夏季型女性的服装选择

色彩艳丽夸张的颜色、金属色，都非常适合夏季风格女性，可以衬托你健康的光彩。夏季风格女性由于肌肤呈古铜色，所以应尽量把你健康的肤色展示出来，让自己活力四射。色彩鲜艳的丝绸质感的以及光泽感极强的服饰最适合表现夏季型女性的风格。

JEWELRY CHOICE OF SUMMER FEMALE
夏季型女性的珠宝选择

金色、暖色调、银白色和极度夸张的色彩都非常适合夏季女性。一切色彩华丽的珠宝，都非常适合夏季女性风格，即使是春季型的你，如果设计了夏季风格的造型，你的珠宝色彩款式也都要发生巨大的变化。在春夏秋冬四个季节里，只有这一季女性才可以驾驭夸张和色彩华丽的珠宝。

温暖的金色、华丽的珍珠和暖色调珠宝最适合表现你的气质。但是你非常不适合佩戴小巧精致的饰品，略带夸张和戏剧化的饰品更适合你。

ZHENG HANWEN: SUMMER MICRO — PLASTIC SURGERY
AND KNOW-HOW OF MEDICAL BEAUTY CARE

郑涵文：夏季型女性微整形和医学保养秘籍

夏季型女性最适合雕塑立体的轮廓，通过微整形设计，塑造翘挺的鼻梁，立体饱满的额头，尖翘的下巴，立体深邃的眼睛，用玻尿酸注射打造性感丰厚的唇部以及健康活力的苹果肌，通过这些会让你性感并充满健康活力！

我的美丽建议：如果你需要通过微整形的方式来让自己完美，一定要着重以下两个部分：

第一，制造深邃的眼睛轮廓和高挺的鼻梁。这样会让你十分的有个性，想象一下你的面部黝黑，轮廓扁平怎会好看？虽然通常肌肤黝黑的人轮廓都不错，但是绝不可以让脸看起来胖嘟嘟的。也许传统意义上白胖还算好看，黑胖可真的不够好看。

第二，皮肤黑，轮廓就要立体紧致。如果你的肌肉和轮廓松弛，你就需要紧致提升轮廓，以此来保持脸形的精致，这样才可以看起来活力四射。

SUNBURNT

PROMPTLY SAVING SUNBURNT SKIN

迅速拯救晒伤的肌肤

SAY GOODBYE TO PHOTO—AGIN

CUSTOMIZE YOUR BEAUTY PLAN ON SUN-SCREENING

告别光老化—定制你的美丽防晒计划

虽然阳光能带来温暖和美好心情，但是光老化却是除了遗传、身体疾病和护理不当以外肌肤衰老最重要的原因。阳光中的紫外线带给皮肤的伤害远远超越你的想象。

UVA、UVB 是可以直达我们皮肤的紫外线，即使在阴天依然可能灼烧我们的肌肤。UVB 和 UVA 相比，波长较短，它是造成肌肤晒黑的重要原因。UVC 通常被臭氧层吸收，相对无法达到地表。不过近年来很多专家也开始预防它可能带来的危险。

WHY SKIN BLACKING?

你的肌肤为何变黑？

当紫外线照射在肌肤表面，肌肤本能地产生麦拉宁色素，就是黑色素，当黑色素堆积不均匀就会产生大量的色斑，加上 UVA 会迅速晒伤肌肤，就会让你的肌肤真皮层中的胶原蛋白和弹力蛋白受损，造成肌肤干燥松弛和皱纹，以及各种粗糙和敏感。

被紫外线晒伤后，还会带来可怕的含氧自由基，紫外线照射产生的活性氧会损伤细胞的 DNA，加速肌肤老化甚至引起皮肤癌，所以选择好防晒品是防止光老化的重要手段。

如何选用防晒产品
HOW TO CHOOSE SUNSCREEN PRODUCTS

SPF 是防晒系数（又叫防晒系指数，Sun Protection Factor）英文缩写，以肌肤接触 UVB 到开始发红为一个时间单位，表明它的倍数，代表有效防止肌肤晒伤发红时间的长短，比如 SPF1 就等于 15~20 分钟。

PA 是英文 Protection of UVA 的缩写，以用来阻挡 UVA 防止皮肤晒伤的程度为标准，把防护效果分为"+"、"++"、"+++"三个等级，"+"越多表示阻隔功效越高。

根据不同的场合
选择防晒霜的 SPF 指数和 PA 十分重要
SPF INDEX FOR CHOOSING SUNSCREEN CREAM

通常日间选择 SPF30 左右、PA+ 或者 PA++ 的防晒霜 就足够了。
海边、户外休闲、运动，至少要 SPF50 以上、PA+++ 才可以阻挡光老化的产生。

SUNSCREEN PRODUCTS STAYING TOO
LONG ON FACE MAKING SKIN DRY

防晒产品在脸部停留过久会让肌肤干燥

尤其是防水性功能的防晒产品，晚上卸妆之后，一定要用保湿面膜及时给肌肤补充水分，让肌肤迅速恢复水分平衡。

HOW TO PROMPTLY SAVE
SUNBURNT SKIN
如何迅速拯救晒伤的肌肤

当你的肌肤被阳光晒过，最直接的晒伤表现就是肌肤温度升高、发烫，此时最好的方法就是给肌肤降温，将纯净水放在冰箱里冷却，用纯棉质的毛巾浸水敷脸，重复几次让肌肤舒缓并降温。这个时候不要涂护肤品，降温是首要的，如果此时直接涂护肤品，护肤品中的成分很容易引起肌肤敏感！

如果你的肌肤只是干燥和有些发热，请在柔和的棉片上倒足量的保湿水敷在面部，直到肌肤吸收，再重复几次，会迅速缓解肌肤干燥问题。

如果经过以上的护理，肌肤没有敏感反应，建议用冷藏过的保湿面膜连续敷几天，保湿面膜会使肌肤很快恢复健康。但是记得肌肤晒过后不可以马上美白，不然，很容易引起肌肤敏感。在肌肤接受水分护理充足时，再开始尝试美白护理，会让肌肤慢慢恢复健康状态。

ORAL BEAUTY CARE
PRODUCTS MAKING SKIN
RECOVERED PROMPTLY
口服美容品
让肌肤迅速恢复

维生素 C 和新鲜的水果
会加速黑色素代谢，给肌肤
最好的能量，充足的睡眠也
会让肌肤迅速恢复健康。

紫外线对眼睛的伤害

ULTRAVIOLET HURTING EYES

　　眼睛防晒需要选择有 UV 防护功能的太阳镜，避免阳光直射让瞳孔扩张产生老化，光老化会令瞳孔看起来浑浊，也有让眼睛产生白内障的可能。

BEAUTY
SECRET OF OLIVE-OIL FOR BEAUTY CARE
橄榄油的美容秘密

从古至今，橄榄油被称为"黄金液体"，曾作为祭祀用的圣油、照明的灯油，也被当作治疗各种疾病的药物。橄榄油不仅能食用，还可以滋养身体。

传说中，埃及艳后克娄巴特拉每天清晨都用橄榄油擦遍全身，滋养她娇嫩的肌肤、乌黑的靓发，盛气凌人的恺撒大帝因她天然的美貌而折服。

作为自然健康的天然肌肤护理圣品，橄榄油蕴含着神奇的美肌力量，它含有丰富的脂溶性维生素 A、D、E、F、K，不饱和脂肪酸含量高达 88% 以上，被营养学家称为"可以吃的美容圣品"。

橄榄油的美容功效受到全球一致肯定，它富含天然的维生素和美容成分，可以防止紫外线对肌肤侵害，同时有保湿、抗氧化、防敏感、抑菌等功效。

橄榄油是唯一适合所有人（包括婴儿）的护肤圣品，敏感肤质也可安心使用，是不受肤质、年龄、种族限制的护肤品。我 20 年来坚持用橄榄油按摩身体，至今我的身体没有任何赘肉，它的紧致功效和保湿功效你一定要去体验才会深刻的了解。

橄榄油很适合在洗发和护发时使用，有很好的滋养头发的功效。洗发前用橄榄油按摩头皮可以起到保护头皮、去头屑、防止脱发的作用。新洗完头发后，可使用橄榄油和蜂蜜 1:1 调和成发膜，这种天然营养发膜会让你的头发超级顺滑。

橄榄油和各种面膜粉调和都有超级显著的保湿效果。给大家介绍一个最简单的方法，一个鸡蛋白，一勺面，一勺橄榄油混合做面膜，可以迅速解决皮肤的干燥问题。

橄榄油和绿茶粉末混合可以去除身体的顽固角质和身体异味，使皮肤幼滑细腻。

把橄榄油放在粉底和护肤品里可以让护肤品更有效；把橄榄油放在干燥的睫毛膏里，可以让干燥的睫毛膏恢复正常，无需担心其副作用，还可以滋养睫毛和皮肤。

MY 我的橄榄油美容秘籍

SOLE BEAUTY SECRETS OF OLIVE OIL

TALK

和你的身体对话

TALK WITH YOUR BODY

郑涵文的美丽心语：

身体是女人的骄傲，它的美丽不仅在于它的曲线，更重要的是它还承担着生育和传承的艰巨而美丽的任务，我觉得每个女人的身体都是伟大的、神奇的！它是最有灵性的躯体，每个女人都期待着自己可以拥有完美的比例和傲人的身材。但是我们通常没那么完美，不要难过，这世界本来就没有完美，完美是需要创造的。

我的身体和 20 年前的尺码几乎没有变化，除了良好基因外，锻炼和保养身体的功课我也从未停止，这些先天和后天的结合让我保持着健康的形体。如果今天我 20 岁，我没有任何资格和你分享经验，每个人在这个年龄都有着结实的大腿和紧实的臀部线条，但十几年过去了，想要保持它真的需要技巧和毅力！所以我可以骄傲地告诉你我依然拥有从前的体型。

女人的身材通常容易变化，尤其在孕育生命的过程中几乎是面目全非，但是如果和一个生命比起来，这点付出实在不算什么。

按照我的方法你会发现，即使很多年过去了，你依然有紧实的腿部线条和完美的曲线，这个方法会让你的体型保持在最好状态。它会让你受益一生！我坚持用这种方法锻炼，保养了十几年，今天我的身体没有任何变化，甚至更好。

我真诚地和大家分享健康的饮食和运动相结合的方法，只要把它变成你的习惯便会获得良好的纤体效果。你会发现你的身体越来越有魅力，任何时装穿在你的身上都会让你散发出自信的气质，身体是令女人自信和骄傲的法宝，不可以丢了它。减肥是女人永远的功课，但你不要在一段时间内疯狂地减肥，这会对你的身体产生致命的损伤。

　　你要学会真正控制你自己的食量并坚持运动，保持自己的体重。养成每天早晚测量体重的习惯，这会让你习惯性地监督自己。

　　其实减肥纤体最大的秘诀就是运动和饮食的协调，我一直在这样做，慢慢的你的身体会有一种天然的信号反射给你，你不需要太多的食物。其实过多的进食会产生过量的自由基，它会加快你身体的衰老速度。少食多餐，每餐 6~7 分饱是最好的纤体保养进食量，你的肚皮和胃都不会被食物撑得很大，长久成习惯，你会发现良好的身体状态并不需要很多的食物。

SPORTS

SPORTS MAKING A WOMAN HEALTHY, ENERGETIC AND YOUTHFUL

运动让女人健康活力保持年轻

夏季型的女性身体爆发力并不一定是最佳的，所以在选择运动时，柔和的项目更适合你的身体状况，过度激烈的运动会让身体肌肤老化速度加快，有氧运动才是最佳的选择。

ON AEROBIC
EXERCISE 关于有氧运动

　　美国空军运动研究室医学博士库珀(Dr Kenneth H.Cooper)经多年的研究、探索，创造了闻名世界的"有氧运动法"。它是全世界最多人认同的、最有效的健身方式，它的健康标准并不认为所谓的肌肉发达、外表强壮的人才真正健康，而是认为要有健康的身体必须要有健康的心肺功能，这样才能为细胞提供充足的营养，才能使器官保持良好的功能状态。有氧运动就是指长时间进行非激烈运动，让血液循环系统和呼吸系统得到充分的有效刺激，提高心肺功能，从而让全身各组织、器官得到良好的氧气和营养供应，维持最佳的功能状况。这个理念让全世界的很多人获得了健康的身体，因此延续至今，有越来越多的人对这个理念深信不疑。

AWAY FROM CITY SPORTS FATIGUE
远离都市运动疲劳症

运动给了我强健的体魄和坚定的意志，十多年前我曾经是百米跨栏和标枪的高手，但是高强度的运动也给我带来身体上很大的伤害。后来我调整了我的运动方式，换成有氧运动——慢跑和游泳。这两个运动项目不仅让我保持身体线条健康，也没给我带来任何运动后的负担，在我看来对保持我的体形十分有效。

其实，高强度的训练并不适合现在工作节奏快的人们。很早开始我就选择适合我的运动项目和冥想的方式来慢慢恢复我的体力，让我时刻保持最佳状态面对工作，运动最重要的是适合你的身体和个人喜好，过度运动只能让衰老加快！

只要可以选择，我的运动一定是在海边或者远离污染的城市，但是在健身运动后，建议你一定要吃碱性的食物，如绿色蔬菜、水果、豆制品等，尽快消除运动带来的疲劳，保持体内酸碱度的基本平衡。在运动后，要坚持做身体和肌肉的放松整理活动，这样可以使精神、肌肉和内脏比较快地恢复平静，达到身心合一的状态。用抖动、揉、按、压、拍击等手法按摩放松肌肉，能使肌肉中的毛细血管扩张和开放，把肌肉运动后产生的乳酸排出体外，这样可以迅速消除疲劳。

当然，如果有时间可以找专业按摩师帮你按摩，这是恢复体力和运动后肌肉放松的最好的方式。按摩可在睡觉前进行，全身按摩之前最好可以用温水泡浴，用热水泡脚，水浴温度宜在 40℃左右，有效刺激血管扩张，起到促进新陈代谢和消除疲劳的作用，这也会让睡眠质量更好。睡眠是消除运动疲劳的重要方法。

■ 补充运动后所需要的维生素十分重要

　　天然制剂的维生素 B_1、B_{12}，维生素 C、E，人参，冬虫夏草都是恢复身体能量的最佳来源。服用维生素或其他天然保健品能自然调节人体生理机能，补充能量，加速新陈代谢，减少身体的耗氧量，给肌肉提供丰富的营养。

■ 寻找适合自己的有氧运动

　　你可以选择快走、慢跑、骑自行车、爬山、爬楼梯、游泳、舞蹈、太极拳等活动，其中慢跑是最好的方式。我不建议你在疲劳时运动，此时睡觉和休息按摩更适合你恢复体力。此外应制定严格的饮食标准，让食物为你的身体服务。

■ 有氧运动有效的时间

　　要坚持 30~60 分钟的有氧运动才能达到燃烧脂肪的目的，因为前半个小时都是在消耗热量，半个小时后才开始燃脂达到瘦身功效。

■ 无氧运动只能增加你的爆发力

　　静力训练、举重或健身器械、短跑等运动为无氧运动。它们能够增强你的肌肉及爆发力，但不能有效刺激心、肺功能，运动停止容易迅速反弹造成肌肉松弛！

■ 如何选择适合你的运动

　　请专业教练为你测试体能，根据你的身体选择运动项目。

　　当你的身体适应了训练后，再慢慢加大运动项目的力度。

　　通常选择合适的运动项目需要你自己养成一种习惯，随时保持运动，不要间断，身体的肌肉和情绪是有记忆的，你的身体一旦适应了一个项目，会本能地习惯它带来的健康感受，此时只需要不断让运动为你的身体服务就足够了。

■ 运动中的防晒护肤

　　记得在运动前涂好防晒系数在 SPF30~50、PA++ 以上的防晒霜。运动后要用柔和的酵素粉深层清洁面部，把废旧的角质去掉。把爽肤水放在冰箱冷藏室里，冰凉的爽肤水可以降低肌肤运动后的泛红问题，还可以预防肌肤敏感的发生，深层保湿面膜可以为运动后的肌肤提供充足的水分。

运动食品和运动衣服的选择

纯棉、吸汗的宽松衣物适合你在运动时选用，但是也要根据你的运动项目选择相应的服装。

运动的美容效果

运动中大量的汗液会带走体内的毒素，情绪也会随着运动带来的血液循环速度而不同。此时对身体杂质的代谢非常有利，也让肌肤通透有光泽！

运动减肥瘦身食物

冬瓜水（冬瓜＋纯净水煮熟了当饮料和食物，可以加一点冰糖）每一天都可以喝，减肥效果十分好，皮肤也变得干净清爽。

黄瓜是最有效的减肥食品。魔芋和黄瓜混合做成的减肥餐十分有利于减肥塑身。你可以用橄榄油把黄瓜丝和魔芋丝混合凉拌作为晚餐和运动后的餐食，因为都是碱性食品，会迅速恢复体力，并且再度清洁体内的杂质，同时黄瓜汁也有相当强大的减肥功效。

运动结合身体修复——微整形方法雕塑体型

身体微整
上身：上腹、下腹、侧腰、蝴蝶袖、副乳、胸部、手、颈纹、厚肩膀、厚背、厚肩颈、后脖颈。
下身：大腿、小腿、丰臀、外胯、侧臀。

BEAUTY CARE WITH
DIET SLIMMING IN SPRING AND SUMMER
春夏素食减肥美容法

郑涵文的美丽心语：

春、夏季都是令人期待的季节，女人们脱下厚厚的冬装，完美的曲线应该如同这春日里的杨柳一样婀娜，在温暖的世界一起绽放着女人的魅力。但是经过一个漫长的冬天，女人的身体往往堆积了大量的脂肪，婀娜对她们来说已经很遥远了。冬日往往留给女性的是丰厚的脂肪和松弛的体态，这些都令女人沮丧和无奈。不要担心，我的方法会让你在 20 天里减去一身的脂肪，你可以穿上让你向往的 S 码。

这是我用了很多年的方法，很管用。每个人在冬天都容易发胖，因为天气寒冷，我们会用大量的食物给身体热量，结果就造成脂肪的堆积。无论如何，第一个秘密就是运动，其实我一直觉得女人不一定要到健身房保持运动量，通常我一周只去三次。大多数时间我会在家里活动，比如擦地、洗衣服，在家里边看电视边做仰卧起坐，还有我们可以在家里放一台跑步机，这样避免了健身房里的拥挤和不够好的味道。一小时的锻炼就会收到很好的效果，把它当成你生活的一部分，就像你每天必须刷牙洗澡一样。你会觉得这是一种快乐，并因为这快乐收获一份自信。我坚信这世界上真的没有丑女人，但是懒女人实在太多，除了因为遗传和疾病的肥胖需要看医生以外，通常的肥胖多是我们自己造成的。

MY BEAUTY CARE
WITH DIET SLIMMING IN SPRING AND SUMMER

我的春夏减肥美容法

在春夏我几乎完全是素食，蔬菜中大量的纤维可以帮助你排出体内多余脂肪和毒素。南瓜有着超人的减肥功效。我通常会把它蒸熟了作为主要食物，一周连续4天中午或者晚上用它作为你唯一的食物，它会让你有足够的饱足感。如果你愿意放些百合一起蒸熟味道会很特别。百合有很好的安神功效。

南瓜和绿豆一起煮熟会有超好的排毒美容效果，先将绿豆煮到8分熟再把南瓜切成丁一起煮熟。冷食热食都可以。

还有一个更好的方法，用榨汁机把南瓜肉榨成汁，再把瓜瓤和南瓜汁混合煮熟，口感相当好，加些牛奶会更好。

马蹄加玉米也是减肥美食，把新鲜的马蹄和玉米一起煮有很好的去火美容减肥功效。春夏天气干燥，这款美容减肥素汤会让你心情宁静，皮肤透亮。

大量的西红柿、黄瓜，还有各类新鲜蔬菜和各类菌类食物在减肥过程中食用会有意想不到的好效果。通常我只用开水把各种青菜和蘑菇煮成汤，再加些橄榄油和生抽，就完成我的美容减肥大餐了。

如果你喜欢肉食。我建议你在鸡汤里放进各种烫好的蔬菜。不要吃肉，春天过度肉食会让你的口气不够清新，身体也会变得躁动。绿色蔬菜有很好的宁静心情的作用。

曾经有个有意思的测试。一次赛马比赛结束后，主人把十匹马分别放在红色背景的马棚和绿色背景的马棚里，观察者惊奇地发现在绿色环境下的马安静极了，而在红色环境下的马极度躁动，它们似乎没从比赛的状态里出来。这个实验告诉我们，绿色的确可以让人宁静。

春夏用青菜粥代替米饭会有很好的美容功效。我不建议为了减肥而不吃主食，这对身体的伤害是很大的，我身边很多女性长期不吃主食，她们的肌肉松弛无力，虽然很瘦但是并不好看。主食对身体非常重要。我们可以加大青菜、鱼类、牛奶等蛋白类食物的量，减少主食量，但是绝不能不吃主食。每天一碗青菜粥或者杂粮粥是必需的。

我从不吃腌渍的酱菜，它对身体没有任何好处，唯一的诱惑就是口味很重，刺激得人胃口大开，这就是为什么很多餐馆送餐前开胃菜的原因，我们应该尊重食物天然的味道，过分使用调料做出的食物已经完全破坏了食物的天然营养，我们吃到的只是人为加工的所谓美食，而非健康。

在四季变化的自然法则里，我坚信每一个季节的食物都是上帝给我们的最好恩赐，所以尽量食用时令蔬菜，反季节食物和过度加工的食物都是有损健康的。

HYALURONIC ACID — IRREPLACEABLE SAN PRODUCT FOR BEAUTY CARE

玻尿酸
无法取代的美容圣品

　　玻尿酸是这个时代无法忽视的美容圣品。从明星到大众，它的知名度几乎和大明星永远连在一起，我非常推崇这种安全有效的美容方式。

　　玻尿酸，学名为透明质酸 (Hyaluronic acid，简称 HA)，又称醣醛酸。它在人皮肤的真皮层中扮演了基质的重要角色，是透明、具黏性的胶状物质，是一种高分子的多糖体，是由葡萄糖醛酸 –N– 乙酸氨基葡萄糖为双糖分子单位组成的直链高分子多糖，平均分子量介于 10 万到 1000 万道尔顿（质量单位）之间，填充在人体的细胞与胶原纤维之间的空间中，用于除皱、填充塑形效果非常好。

HYALURONIC
ACID WITH POWERFUL AND SAFE VIRTUES OF BEAUTY CARE

玻尿酸有强大安全的美容功效

玻尿酸主要功效：

- 让皮肤饱满水分充足，塑造面部轮廓
- 改善肌肤增加弹性

- 面部拉提、紧致
- 塑形除皱功能

玻尿酸填充在人体的细胞与胶原纤维之间的空间中，让皮肤光滑细腻，并有着一定支撑作用。它可以自然地塑造鼻梁和填充面部的塌陷部分；但不适合夸张的塑形，那会因重量感导致变形。

玻尿酸不仅有增加皮肤弹性的功能，还能锁住大量水分子，对组织具有保湿润滑作用，使肌肤饱满年轻有弹性，但随着年龄的增长，当玻尿酸流失的速度比生长速度快时，肌肤就会渐渐变得缺乏水分，失去光泽弹性，注射玻尿酸会让肌肤水分充足光泽通透！

原本玻尿酸只用于保湿作用，但目前已进入除皱整形材料的行列，玻尿酸以填充物的方式注射进入真皮皱折凹陷或希望丰润的部位，可以达到除皱纹与修饰脸部的效果。因此除了储存水分，它还能增加皮肤容积，让皮肤看起来饱满、丰盈、有弹性。

玻尿酸会随着年龄增长而消失，使皮肤失去储水的能力，逐渐变得暗沉、老化，并形成细小的皱纹。而拜生物科技进步之赐，先是从脊椎动物的结缔组织，如鸡冠、眼球、脐带、软骨等部位，可以萃取出玻尿酸，现在更有由人工合成的产品，摒除过敏及感染等问题。

注入体内的玻尿酸，一般而言，所维持的效果约在 6 个月到 2 年之间，但这是跟注射部位的不同，分子大小的不同和个人体质的差异有关的。虽然玻尿酸类的填充针剂只能保持半年到 2 年左右，但是安全有效的强大功能依然令许多明星为玻尿酸痴迷！它带来的瞬间美容功效的确令人振奋。

PROFILE

Reshaping concept on care in global anti- glycosylating profile

全球抗糖化轮廓重塑保养观念

　　不管你是否愿意，肌肤总是在慢慢衰老，当你尝试很多保养品无效时，请及时更新你的保养观念。如果通过细心的保养，都无法换来健康的皮肤，你的皮肤依然松弛、粗糙、干燥不易上妆，其实这些有可能都是"糖化"带来的衰老问题。

　　糖化是淀粉加水分解成甜味产物的过程。是淀粉糖品制造的主要过程，也是食品发酵过程中许多中间产物产生的主要过程。

　　许多人爱吃甜食，过多的糖分摄取使得多余的糖分附着在胶原蛋白上，造成胶原蛋白断裂，这种"糖化现象"让肌肤失去弹性与光彩，提早老化。而在外在环境上，地球暖化效应造成的高温与环境污染加上个人作息不正常、工作压力繁重，让肌肤抵抗力正在一点一滴流失。

WHAT IS
"GLYCOSYLATED SKIN"

何谓"糖化肌肤"

糖化肌肤：紫外线的照射，年龄的增长使肌肤内部会不断地储存老化物质"AGES"。肌肤中的胶原蛋白与糖结合后产生的糖化物质——"AGES"，会使肌肤中的胶原蛋白断裂，失去再生胶原蛋白的力量，肌肤由此暗沉、松弛，产生皱纹，呈现老态，犹如一片老化的废墟。

抗糖美容护肤品会为你"减龄"，让皮肤由真皮层开始重建健康系统，带出无比光滑细腻的肌肤，彻底远离干燥，让皮肤时刻水润动人。

如何检查肌肤糖化问题：AGES 是肌肤内部不断储存的老化物质，是由于蛋白质和糖结合后产生的最终生成物，AGES 不断增加积存会让皮肤抵抗力下降，导致肌肤老化！

角质层糖化表现：一旦你的角质层生成 AGES，肌肤表面立即变得粗糙，手感变硬，肌肤干燥，不容易上妆。AGES 本身是褐色，它会让肌肤暗沉。同时肌肤会开始大面积松弛，失去弹性，不再有紧致的轮廓。

美容专家在魁蒿中萃取的 YAC 精华，可以快速渗透至肌肤真皮层，净化真皮层中的糖化物质，抚平皱纹，恢复肌肤中的胶原蛋白，提升紧致肌肤，实现极致弹力柔肌。让你的肌肤年轻 10 岁不再是梦想！

美容专家在抗糖化的同时，把媲美微整形的塑颜精华护肤品也运用在按摩程序里，让肌肤抗糖化的同时得到净化，释放塑颜能量，提拉紧致脸部上下的轮廓，实现精致 V 形上镜小脸。

抗糖化塑颜按摩法：

　　未来全球最有效的保养方式之一就是抗糖化美容保养，这种全新的保养观念是从东方经络和按摩手法中提炼的最简单有效的方式，通过有效按摩和塑颜精华按摩来让肌肤恢复最佳状态。

　　现在仅仅靠抗糖化的护肤方式就可让你年轻 5~10 岁，它的功效几乎可以和有效的微整形媲美，最重要的是，它随时随地都可以让你通过这套简单的按摩方法获得年轻的轮廓。

按摩方式：揉按 + 净化

　　功效：排除老化角质 + 释放塑颜精华，深度提拉上下轮廓

　　要想解决肌肤老化松弛难题，就要同时实现上半部脸抗皱和下半部脸紧致。

　　源自于东方最古老的淋巴经络排毒塑颜按摩手法，不仅可以排除肌肤废旧老化的角质，还可以紧致肌肤上下轮廓。

　　塑颜精华释放的紧致成分，通过揉按，净化的按摩手法瞬间被肌肤吸收，提升肌肤轮廓，即刻呈现紧致小脸，非常适合艺人明星在上镜前和每晚护肤保养时使用。

　　这套按摩手法适合你在任何时刻用来提升自己的脸部轮廓，让脸形紧致立体。

　　具体按摩方法：

　　第一步：揉按

　　改善脸部僵硬肌肉，引导肌肤更加容易排出老废物

　　用拳头关节在咬合肌部位以画圈方式由内而外揉按八次；

　　大拇指关节在鼻翼两侧以画圈方式由内而外揉按八次；

　　大拇指关节上下揉按眉头下方八次。

　　第二步：净化

　　排出老化废物

　　手掌根部沿着脸部轮廓从下巴向耳朵下方滑顺，进行三次后从耳朵下方滑顺到锁骨位置；

　　手掌根部沿着颧骨由内向外从耳前滑顺到耳后三次，再滑顺到锁骨位置；

　　中指和无名指指腹由内而外刮过眼睑和眼睛下方，反复二次后滑顺到锁骨位置。

　　第三步：提升

　　紧致脸形

　　整个手掌沿着脸部轮廓从下巴向耳朵方向提拉三次，第三次提拉后保持三秒；

　　整个手掌将整个脸颊向太阳穴方向提拉三次，提拉后保持三秒；

　　整个手掌提拉整个额头三次，第三次提拉后保持三秒。

郑涵文的美丽心语：

夏天是女人生命最怒放的季节，尽管我是春天型的女性，但是一直想尝试和我的风格极度反差的造型设计。我想很多女性看到自己一成不变的形象或许都会感觉厌倦，即使这个形象是适合你的，你心里也一定不断地想突破自己。

美丽对于女人是一条不归路，在这路上，面对美丽诱惑，没有人愿意停下来，所以我一直在问自己，我是否可以看到自己狂野的一面？这个想法得到宋老师的超级认可，他帮我选择了我从没有尝试过的高级定制礼服的颜色，大胆地帮我实现了这次和狂野的约会。每个女人都希望自己可以像明星或T台上的超级模特般光鲜亮丽。但是要突破自己以往的造型一定需要专业的指导才可以树立你对美的信心。

这件礼服和高跟鞋至少帮我的身材比平时高出足足15公分，我真的不敢相信自己竟然能如此狂野性感，我无法抑制我兴奋的心情，因为这是我想了很久的造型，今天终于可以真的呈现在自己身上。我的感觉好极了，造型带给女人瞬间的自信力量太强大了，此刻我深深理解为何顶级造型大师都是女星们争相邀约的红人，因为他们美丽的魔法真的可以令女人完美无瑕。当然服装造型、化妆、配饰，包括挑战自我的演绎，这些都需要你对自己绝对的自信。尽管我不是超模，也不是大明星，但是我可以感受到这款造型带给我超强的明星气场。炎热的荒岛，一次狂野的约会，我看到了那个我曾经想要的自己，如此真实的站在阳光亲吻过的地方，女人要勇敢地去尝试自己心中的美丽梦想，没有什么不可能！

宋策私人美丽定制建议

1. 春季型女性要想演绎夏季风格的狂野造型，服装质地应轻薄透，飘逸，厚重感的面料会看起来没有生机。

2. 尽量裸露你白皙干净的肌肤，让你的脸部光彩动人。妆容重点是眼部线条要清晰，底妆的光泽度会让你看起来十分健康。

3. 配饰大胆，选用金属质地，有光泽的款式，会增加肌肤的健康感，同时会和服装形成很好的搭配效果。发型也要飘逸，发色避免黑色带来的沉重感。

4. 一款好看的造型也要在适合的环境下拍摄才能展示你的魅力，盛夏的枯树，错落交织的树干和郑涵文的整体造型完美融合，狂野的气质无限绽放！

A WILD DATE

狂野的约会

CUSTOMIZE A
AUTUMN BEAUTY
秋季私人美丽定制

当生命经历了春的期待和夏的绽放，你会由衷感慨生命的璀璨动人，此刻你收获的不仅是一份美丽，更是一份难得的经历。在扮美的路上，我们都经历过很多，从一路的未知，到勇敢的尝试，每一刻都在体验美丽带来的能量。

CARE PLAN

ON CUSTOMIZED AUTUMN BEAUTY

秋天保养计划

秋天是收获美丽的季节，如果你在爱美的路上曾经迷失过，那么此刻的你会多了些许淡定和平和，就像这季节，不会因为春天和夏天的离去而遗憾，因为经历了，平静了，领悟了。美丽是一种信仰！这种信仰伴随着我们走过生命最迷人的四季，它在一路见证着这路上的风景。今天秋季型女性优雅从容的气质，就像在等待冬天的到来，如果你愿意，秋天是女人最美的季节，她们不再会因为春的离去而忧伤，不再为自己曾经的怒放留恋，她们只在乎岁月抚摸过的质感脸庞，懂得用睿智和平静的美丽接受新的容颜，一个恒久不变的容颜。

　　在这个季节里，能看到郑涵文经过职场和历经岁月的历练，她依然散发春天般的知性和秋天般迷人的优雅，这也不仅仅是化妆造型带来的气质，更是她自己的经历形成的，从遥远的海岛女孩历经十几年的美学历程，到今天行走世界的美学设计导师，我坚信只有经历过生活的女人才会读懂岁月给予她们的礼赠。通过私人美丽定制的造型设计我们再一次发掘了让她绽放成熟的魅力，如果你是秋季风格的女性，你将和她一样的优雅，绽放属于你的优雅。在属于你的季节里！

ADVANTAGES AND DISADVANTAGES OF FEMALE TRAITS IN AUTUMN
秋季型女性个人特质

大多数亚洲人有着黄色基调的肌肤，褐色瞳孔和棕黑色的发色、眉色。皮肤细腻而缺乏光泽，肤色容易暗沉，看起来没有生机。几乎百分之八十的中国女性都属于这个季节的气质。她们只是有的偏冷有的偏暖，这就是东方人最标准的外形，黄皮肤黑头发。这些标志成为这世界上一道绚丽的风景，让我们可以清晰地和白皮肤、棕色皮肤区分开来，也是我们拥有的最纯正的东方血统标志。

在全球女性中，秋季风格带给人的感觉是温婉、含蓄、优雅，非常迷人有魅力。我并不建议你染发，我们的发色，眉毛颜色和瞳孔的颜色都非常有个性，标志性的美是一个人重要的美学体现，不要刻意改变你的专属发色。

由于肌肤暗沉，没有光泽，容易看起来疲惫以及没有活力。 所以我们常常被看成气色很差，这就是肤色基调造成的，如果你可以很好地用适合你的方法来完善你的妆容，并与服装色彩相搭配，你随时能在拥有标志性美丽的同时，保持自己温婉含蓄的气质。

护肤品的成分会决定肌肤的健康

　　秋季女性在选择护肤品时要特别注重高端护肤成分的选择，因为秋季女性肌肤易枯黄没有光泽，所以在护肤诉求上往往会集中美白护理，但这样反而让你的肌肤看起来更苍白。

　　其实，如果你的肌肤护理得当，会有丝绸般的质感，再加上健康的光泽足以让你看起来年轻充满活力。

EXCLUSIVE KNOW-HOW FOR AUTUMN BEAUTY

秋季型女性独家美容秘籍

宋策独家抗衰老 2+1 护理

2+1 的抗衰老美白护理方式，我曾推荐给很多女明星，她们都获得了健康的肌肤和紧致的轮廓。

2 个精华混搭 +1 支抗衰面霜或者美白面霜

在日常护理过程中，你需要选择两种护肤品来改善黄色基调的皮肤，让皮肤明亮。 首先用保湿精华来保持肌肤的细腻，然后用深层抗皱精华涂在保湿精华上（如果是美白精华建议你只涂在内轮廓，外轮廓不需美白），再涂上抗衰老面霜或者美白面霜。

这种 2+1 的美容护理方式，会让黄色基调女性的肌肤吸收更多的护肤成分，30 天后，你的肌肤会发生巨大的改变，同时肤色依然保持十分纯正的黄色基调，但无论紧致度和光泽都会得到质的改变。建议你使用同一品牌的护肤品，以免护肤品的成分之间混搭影响护肤功效。

2+1 深层面膜护理

2 天一次深层面膜 +1 周一次深层美白面膜

两天一次深层抗皱面膜护理，配上一周一次的美白面膜护理，就足够满足秋季女性对肌肤白皙的需要，肌肤水分充盈，光泽也会得到很好的提升，坚持用这个 2+1 深层面膜的护理方式，一个月的时间，你就会让你的肌肤完全焕然一新，也避免了过度美白带来的干燥和脸色苍白问题。

CUSTOMIZE YOUR STYLE
AND COLOR OF COSMETICS 定制你的颜色和彩妆风格

　　秋季风格女性是亚洲女性的代表性风格之一，肌肤黄白色调，最适合优雅自然的妆容，不适合夸张的妆容，要制造最适合秋季风格的妆容，首先应避免过分苍白的粉底，带有温暖光泽的珍珠质感妆容最能够体现东方女性婉约优雅的气质。

　　这个季节的彩妆要内敛有质感，如果你希望自己看起来更年轻，颜色一定要淡雅，如果要打造成熟有气质的妆容，你可以让妆容的色彩更饱和一些。

粉底的选择

　　黄色基调，带有珍珠光泽的粉底乳更适合呈现肌肤的健康之感，不要使用厚重的粉底霜，粉底厚重会让肌肤表面看起来完全被覆盖了，没有任何健康的质感，你只要准备一些黄色基调的遮瑕膏就足够了，粉底应选择带有柔和光泽的深象牙白，非常自然。中国女性最适合裸妆来凸显清丽、优雅的气质。

眼部化妆秘籍

　　眼部彩妆适合使用柔和的金色和暖色调，带来健康的活力和温暖的气息。适合柔和金属色的眼影，同时眉毛不适合过重，以保持自然眉色和肌肤色调的一致，以及和眼影色彩的搭配。

尽管亚洲女性的眼部结构立体感不是很强，但是眼睛线条是非常有个性特色的。最适合使用丝绸质感、慕斯质感的眼影，过去很多人习惯用哑光眼影，结果让眼妆看起来暗淡无光。其实秋季风格女性最需要的是眼部彩妆的光泽感和清晰的线条，过分夸张的色彩并不是最佳选择。

眼影的颜色

适合：大地棕色 墨绿色 深紫色 贝壳粉色 裸金色 金橙色

不适合：温暖的粉色 鲜亮的绿色 橙红色 明亮的湖蓝色

眼线和睫毛的选择

黑色的睫毛永远不会出错，但是睫毛的长度应避免太夸张，比你天生睫毛长度多出一倍的睫毛完全足够表现你的眼妆，避免深黑色的眼线，棕黑色调的眼线则非常适合。

唇膏颜色和质地选择

浅粉色的唇膏会让你的肤色明亮动人，橙红色带来饱满的气，适合使用带有水润光泽的唇部彩妆品，以增加脸部的光泽感。

适合：落日金 裸色 薄荷粉色 肉桂粉色 裸色 浅棕色 浅咖啡色 橙红色

不适合：黄色基调的唇膏和哑光质地的唇膏，会让你看起来毫无生机，嘴唇偏厚的女性，避免使用光泽度过强的唇膏。

胭脂颜色的选择

暖棕色 珊瑚灰色 暖橙色

指甲油的色彩

橙红色 裸金色 绿色 深咖啡色 浅紫色

发色和造型

适合：自然黑 浅棕色 深棕色 冷调子酒红色 深咖啡色 亚麻色

不适合：纯白色 深黑色

发式造型：直发线条和带有重量感的几何造形会让脸型更有立体感。卷发和盘发都适合，但要根据脸形决定头发造型的卷度和长度，东方女性不太适合过长的卷发，飘逸的自然黑直发很适合中国女性，很多人适合非常流行的 BOBO 头，这会带来纯真年轻的气质。

DRESS CHOICE OF 秋季型女性服装的选择
AUTUMN FEMALE

肤色偏黄的女性要避免穿亮度大的蓝、紫色服装，而温暖的橙色、淡色和大地色系则较合适，田园味道和带光泽的质地会使面部肤色更富有色彩。

皮肤黑黄的女性，可选用浅色，如浅杏色、浅灰色、白色等，以冲淡服色与肤色对比。带有光泽感的黑色和白色也都是很好的选择。

JEWELRY CHOICE OF AUTUMN FEMALE
秋季型女性的珠宝选择

秋季风格的女性佩戴的首饰颜色有芥末黄、金黄、浓绿或较艳丽的颜色，如蓝碧玺色，红珊瑚色。

适合秋季型女性佩戴的珠宝有琥珀、玛瑙、托帕石、各种浓绿的宝石及各种纯金、K金首饰，但是应避免过分夸张的造型。

黄金和暖调子的珍珠饰品也适合装点秋季的气质。

这一季的女性并不适合夸张的珠宝，尤其是过分硬朗的设计，冷傲的白金钻石大面积设计也不适合秋季风格的女性。

PLAN ON OVERALL SKIN
WHITENING AND SLIMMING
全身美白和减肥纤体计划

很多女性希望自己全身皮肤白皙动人，如果你的先天条件不佳，你也可以通过全身美白按摩护理和美白针来完成你的美白梦想 。当然对于你的线条你可以用溶脂针和局部塑型共同让你的身体线条完美，但是这需要几次疗程才可以完成。

■ 第一，全身美白和溶脂针剂保持肌肤白皙和线条完美。

■ 第二，内在的保养，决定着你的外在容颜。

■ 第三，黄皮肤最大的美容困扰就是看起来憔悴，所以保持肌肤紧致有弹性和光泽十分重要，但是护肤品功效十分有限，你需要服用各种美容保养品，让你的气色完美无瑕。

我建议女性如果有条件的话，可以长期服用阿胶，它的美容功效十分强大！高品质阿胶对女性有非常好的美容效果，长期服用会使女性头发乌黑，有光泽；皮肤恢复弹性，皱纹减少；面部斑点也会逐渐减淡；而且阿胶的补血效果好，可以帮助女性迅速恢复体力减缓衰老；由内到外改善皮肤，起到美容养颜的效果。

如果条件允许，你还可以尝试做干细胞注射疗法，保持肌肤细胞的再生活力，从而让肌肤年轻 10~20 岁。

无论你如何保养，秋季女性黄色基调的肌肤一旦出现干纹皱纹，脸部会显得十分疲惫，因为你的轮廓并不立体，肌肤如果不够饱满很容易暴露你的年龄。此时如果你需要急速去掉你肌肤浅表的皱纹，我建议你可以尝试除皱针，它会在几星期后神奇地抚平你的一切细纹，这就是传说中好莱坞明星的不老武器。

深度回春针剂完美的效果通常会保持6~8个月。当你的肌肤平滑饱满，你会非常年轻。我们知道每一个女人都不希望皱纹出现在自己的脸上，为了赶走这些恼人的皱纹，这个方法比拉皮更实用安全。

如果你需要让自己看起来更年轻还有一个好方法，通过立体雕塑让扁平的东方面孔立体精致（利用玻尿酸、微晶瓷和爱贝芙），这样可以转移人们对你眼部皱纹的关注，并且你的脸形会因此变得非常紧致。如果你需要除皱，最好也先来雕塑好轮廓，再来做回春针剂除皱，这个效果的自然度几乎是惊艳的，很多最亲密的人也很难发现，只是觉得你瘦了、年轻了，因为它的操作十分安全，但是医生的审美和美学设计专家的设计十分重要。

郑涵文：秋季型女性微整形和医学保养秘籍
ZHENGHANWEN: AUTUMN MICRO — PLASTIC SURGERY AND KNOW-HOW OF MEDICAL BEAUTY CARE

PERSONAL
MANAGEMENT OF PERSONAL WARDROBE
私人衣橱管理

让私人衣橱顾问
帮你管理好个人形象

很多女性非常习惯于购买各种时装，但是对于精心打理自己的衣橱非常的不专业，以至于面对满屋子时装也很难瞬间找到自己要穿的衣服，造成选择痛苦。专业的私人衣橱顾问会帮你把不同的服饰按照季节和个性以及你出席的场合搭配好，包括鞋子和饰品的搭配，甚至帮你联络好发型师、造型师，让你可以轻松面对一切工作和社交的形象需求。

私人衣橱管理顾问给你带来的变化：

1. 私人衣橱顾问会帮你把现有服饰进行新的组合搭配，根据你的体形、肤色、气质、工作环境等个人特点，提前做好专业规划，让你轻松驾驭你的衣橱和形象。

2. 专业的私人衣橱顾问还会帮你规划你未来的服装风格和定制你专属的服装、珠宝以及跟美有关的一切资讯信息。

如果你没有自己的私人衣橱顾问，我建议你自己来完成这项工作。虽然辛苦，但是你可以在这里学习到很多对你今后非常有帮助的方法，避免你在面对衣橱时束手无策的尴尬局面发生，你也会在每一次的搭配中提升自己的品位和魅力！

春季型女性衣橱管理
春季型女性服装存放顺序：春 > 夏 > 秋 > 冬

通常你会发现你的衣橱里都是你喜欢的颜色，很少有跳跃的颜色。记得你完全可以大胆些，只要保证你的主色调不变，完全可以增加一些新的色彩，这样在每一个季节你都有好的形象和品位，你可以把明亮的和质地轻薄的衣物整理好放在一起，然后搭配上职业的套装，立即就可以看出搭配的效果，尝试穿上去并配好浅色的鞋子。

夏季型女性衣橱管理
夏季型女性服装存放顺序：春 > 秋 > 夏 > 冬

我不用去看你的衣橱，就知道你的衣服一定是各种绚烂的色彩和各种夸张的首饰。热爱色彩的你需要这些色彩，但是进到这样一间衣橱，很多时候会让人眼花缭乱。我的建议是把春季和夏季衣服严格分开，在离春天衣服最近的地方挂上秋天的衣服，因为秋天的衣服面料和质地偏厚重，可以让你在第一时间看见，不容易凌乱 。然后把夏天的衣服放在离秋天衣服近的地方，这样就可以一目了然，冬天的衣服也很容易分辨！

秋季型女性衣橱管理
秋季型女性服装存放顺序：春 > 冬 > 夏 > 秋

你的衣橱颜色通常都会很柔和，我建议你把春天的衣服和冬天的衣服放在相近的地方，然后把夏天和秋天的衣服放在相近的地方，这样就可以很好地分清楚衣服的季节类型，根据你的衣服比例增加和减少不同季节的搭配。

冬季型女性衣橱管理
冬季型女性服装存放顺序：夏 > 秋 > 春 > 冬

你的衣服基本是素色和单色的，找起来比较相近，最好的区分方法就是最冷时穿的衣服和最热时穿的衣服分开，这样你一下子就可以分清楚你的衣服种类。大衣、外套和皮草可以单独存放，也可以先搭配好衣服拍摄下来把你的造型图片分放在衣帽间，即使你不在家，你的家人也可以按照图片帮你整理衣服。

PLEASE MANAGE YOUR WARDROBE
BASED ON PERSONAL STYLE

请根据你的风格来管理你的衣橱

　　通常你的服装大部分都是温和的颜色，包括饰品鞋子，也许你的衣柜里需要几件鲜亮的颜色在夏季来搭配，但你也需要一些看起来成熟的服装用在你的职业场合，更需要一些大气简约的服装在冬天里看起来气质更加高贵，不要让你的衣帽间成为粉色花园。我曾经看到一个春季型的女性衣帽间几乎是童话世界，这简直令我无法理解，如果 365 天都看一种颜色人的情绪会崩溃，后来我帮她搭配好了适合她的颜色，她告诉我，我真的拯救了她。我相信也许你也会犯这样的错误，不过如果你看完我的书后还是不愿意改变，请你来找我，我会彻底改变你的这个坏习惯。

WORKS FOR FEMALE IN SPRING,
SUMMER, AUTUMN AND WINTER

春夏秋冬四个季节的
女性要做好以下的功课

1. 记录你的搭配日记

我要特别提醒你，你需要很好的美学习惯，每一天把自己的搭配用照片记录下来，你甚至可以把大家对你的赞美也记录下来。如果你的品位不凡，你穿出去的服装就会让大家眼前一亮，当赞美声越来越多时，你就会找到自己的风格。相反，如果从没有人赞美你，你需要反省一定是你的功课做得不够多。女人不美通常是因为自己真的很懒、不在乎。在乎自己的女人永远会很美!

2. 裙装是每个季节的女性衣柜里都很重要的部分

把它们都挂起来，也可以拍摄下来，穿在身上反复去搭配，看你的搭配是否得当，除了裙子，裤子则和衬衫还有 T 恤衫尽可能放在一起，把颜色和款式搭配好，方便随时搭配穿着。

3. 关于你的配饰管理

你的配饰包括丝巾、胸花、手套、腰带、各种项链和戒指以及各种帽子、眼镜架和各种太阳镜，装饰性的领子和珠宝要专门放在盒子里，方便你随时来搭配。我个人建议你非常有必要花些时间学习如何使用配饰，这个对于你的衣着品位太重要了，一款好的配饰可以瞬间点亮你的气质。

KEY OF ORNAMENTS
配饰重点

　　春季风格的女性，配饰一般会选择比较柔和的珍珠和各种花饰，你可以分类存放，避免各种饰品交织在一起。

　　夏季和冬季风格的女性，饰品的颜色款式都会比较夸张和醒目，建议你存放在和衣服最靠近的地方以方便你来随时搭配。对于贵重的饰品一定需要单独保存，以免产生划痕。

　　秋季风格的女性，饰品通常比较柔和，你只需要把每一件饰品搭配好你的衣服，就可以存放好了。

MANAGEMENT OF SHOES

鞋子的管理

白色、裸色、淡粉色和一切明亮的鞋子都十分适合春季风格的女性，我个人建议你不要穿太高的鞋子。这种超级有个性的高度更适合那些气质冷傲的冬季女性穿。

金色、艳红色以及各种彩色夸张的鞋子只有夏季风格的女性才可能驾驭。但是无论你是春夏秋冬哪个季节的女性，黑色、棕色、米色基本款和大红色高跟鞋都是你们必备的装饰品。

最重要的是你要把你的运动鞋和高跟鞋分开存放，把每一双鞋子配好衣服裤子拍摄下来，把照片放在衣帽间的墙上，随时提高自己的搭配水准，然后不断去尝试新的搭配方式。潮流总是轮回的，很久没有穿着的衣服和鞋子很可能会成为下一季流行的标志。你在备足了基本款式之后就可以根据潮流搭配不同的款式和造型的鞋子啦！

长靴和短靴至少要有 10 双以上才可以满足你最基本的搭配。个性化的鞋子比较适合冬季风格女性和夏季风格女性。有人可能一年四季都是明亮色调的衣服或者温柔感觉的衣服，但是一定记得女人衣橱里的服装一定是根据季节变化的。

STORING CLOTHES
衣服的存放

■ **用卡片机记录你的搭配图片**

用卡片相机拍摄你每一次的搭配，反复搭配可以提升你的品位。同时你也可以听听专业人士的意见，如果你的搭配得到大家的认可，记得可以拍摄并把照片挂在你的衣橱里，你可以等一个季节收集了 20 套以上搭配造型的图片，反复参照当下流行的街拍图片让自己跟潮流更近。

把搭配好的照片反复看，根据搭配设计自己的发型配饰，让每一套衣服都成为的标志，照片为你提供了丰富的灵感，不仅指导你穿衣服，还可以提醒你时刻保持最好的状态。

■ **旧衣改新衣**

女性应尽可能让你的服装适合你的特质，违和感的服装在你的衣橱里不要太多。你可以根据你的搭配找到你经典的风格，然后把多余的服装扔掉或者送人，不过我建议你把一些过季服装重新改良，穿出新的味道。

■ **裤子的管理**

裤子通常是流行感很重要的标志。它的长短和质地都是潮流的指标。你可以把过去的裤子裁短或者修改，都可能会为你的衣橱增加新的时尚元素，更会带给你很多惊喜。

不管你是哪种类型的女性，牛仔裤都是百搭并且最常用的，建议你至少应该有 10 条以上的牛仔裤，各种款式的，以方便你搭配不同的鞋子。

MANAGEMENT OF FEMALE
WARDROBE SPACE
女性衣橱空间的管理

大多数人的衣柜是一片混乱，我建议所有衣服都熨烫好挂起来。通常衣帽间通风好就足够了，阳光太足会晒淡衣服的颜色，但是你需要在一个光线好的地方放穿衣镜子，可以照到你的全身才可以。你可以在镜子的周围挂上你喜欢的服装搭配图片，不断去学习，这是个很好的方法，品位是经过不断的失败换来的。自信也会在这个过程里不断提升，慢慢地你会发现，你已经成了自己最棒的衣橱管理者。

"RED WINE, RED BEAUTY"
RED WINE BEAUTY
"红的酒，红的美"
红酒女人

女人的美有着不同的味道和气息，不管你是春夏秋冬哪一个季节的女性，你总能在不同红酒的气息中捕捉到熟悉的味道。就像一串串葡萄，它们是美丽、宁静与纯洁的，如果你没有去发掘，它只是美味的水果而已，一旦压榨和酿造后，它就有了永恒的酒香，流传世间，令人着迷！红酒代表着高贵、圣洁和永恒。女人的美从初生到绽放再到沉淀就犹如这红酒酿造的过程，让人心动，令人痴迷沉醉！这就是美丽的能量！它蕴含在初始，却注定恒久绽放！

红酒拥有迷人的色彩，醉人的芬芳，神秘的情思，更糅合了醇香的气息。女人的美丽就犹如红酒一样蕴含着活色生香的生命原汁，更蕴藏了女性动人的生命历程和丰富的内心世界。

所以我一直相信红酒更像是女人的血液，它流淌在每一个女人的身体里，却散发着各自的芬芳和魅力，秋季女性如同红酒，历经岁月的陈酿，淡定平和地面对世间美丽，在开启那美丽和醉人芬芳的瞬间，便俘获世界！

法国是全世界酿造最多种葡萄酒的国家，也生产了无数闻名于世的高级葡萄酒。当我置身于法兰西醉人的醇香世界，我感受到的不仅是红酒文化带给我的震撼，还有红酒的美容秘密，包括你知道或者不知道的。今天全球无数的美容护肤专家在研发关于红酒成分的护肤圣品。红酒在岁月的酿造下焕发出美的新能量。

红酒被喻为有生命的液体，红酒当中含有丹宁 (Tannic Acid) 的成分，丹宁跟空气接触之后所产生的变化是非常丰富的。女人的情绪就像这丹宁 (Tannic Acid)，你散发哪一种味道也许跟你的爱情息息相关，爱情让你变得很美，红酒则会让你的爱情散发醉人的芬芳。红酒美容将成为时尚界恒久的话题。

SECRET OF 红酒的美容秘密
RED WINE FOR BEAUTY CARE

用来酿造红酒的葡萄果肉中含有超强抗氧化剂，其中的 SOD 能中和身体所产生的自由基，保护细胞和器官免受氧化，令肌肤恢复美白光泽。

从红酒中提炼的 SOD 的活性很高，抗氧化能力比由葡萄直接提炼的要高很多。

葡萄籽蕴含营养物质"多酚"，抗衰老能力是维生素 E 的 50 倍，是维生素 C 的 25 倍，红酒中低浓度的果酸还有抗皱洁肤的作用。当然红酒的美肤功效绝不仅仅局限在外用，适当地饮用红酒对女性全身肌肤都有着绝佳的美化功效。如果你的肌肤枯黄干燥，我真心希望你可以开启一瓶红酒为你的肌肤注入新的活力。

■ **平滑肌肤，收敛毛孔** 90% 的红酒含有 SOD 素，具有水油平衡功能，收敛毛孔令肌肤纹理柔滑细腻，让肌肤红润并让毛孔隐形。你会发现女人在微醺时异常迷人，这是因为红酒有绝佳的血液循环作用，迅速把肌肤的毒素带出从而获得健康且幼滑细腻的肌肤。

■ **深层美白滋润** 因为红酒中含有丰富的葡萄多酚，能刺激肌肤使暗沉减退并加速代谢，美白效果十分明显，而且持久见效。

■ **防皱功效一流** 很多用过红酒面膜的女性都会立刻觉得有皮肤拉伸的感觉，因为红酒中天然的"多酚"是最好的美容圣品，抗衰老的能力是维生素 E 的 50 倍，维生素 C 的 25 倍，能迅速抵抗自由基，让皮肤恢复最好的状态。

■ **去除斑点和青春痘** 红酒除了美白防皱功能外，还能抑制斑点和痘痘的再生。

VIRTUE OF RED WINE FOR BEAUTY CARE
红酒的美容功效

NATURAL RED WINE FOR
BEAUTY CARE MASK 天然红酒美容面膜

■ 定制红酒蜂蜜滋养面膜

功效：去角质和死皮，滋润、美白肌肤，红润气色

原料：红酒、20ml 蜂蜜、压缩面膜纸、玻璃容器 1 个

做法：将塑料容器洗净晾干，放入消毒柜里消毒，倒入红酒，和蜂蜜混合搅匀。再把面膜纸放入塑料容器中，面膜纸接触水分会立即涨大，倒入的红酒量以大概浸泡面膜纸、使其水分充足为好。

敷在脸上，感觉面膜上的水分半干时取下，5 分钟时间就可以。每周选一天沐浴前敷，洗澡时用指腹轻轻按摩，帮助面部去除死皮，最后用蜂蜜按摩脸部几分钟，会让肌肤爽滑通透。

美丽小提示：

本身肌肤对酒精过敏的人最好不要使用这种面膜，而且，这种红酒面膜最好晚上使用，因为肌肤死皮去除后如果出门晒太阳，反而会加速肌肤的老化。

■ 红酒珍珠美白滋润面膜

功效：美白，滋润，紧致肌肤

原料：红酒 10ml、纯净水 10 ml、蜂蜜 2 勺、珍珠粉少许、面粉一勺、普通面膜纸 1 张、面膜调和碗 1 个

做法：把原料在干净的容器中混合，并搅拌均匀。轻轻将混合物好的红酒面膜均匀涂抹于脸上，盖上面膜纸，约 5 分钟后用温水洗净。

美丽小提示：

你可以在你的化妆水里加上一些红酒；不仅有收缩毛孔的作用，还会让肌肤紧致有弹性。

■ 自制红酒 SPA

功效：清除毛孔污垢与油脂，促进血液循环、活化肌肤、防止过敏，美白滋润，舒缓情绪，尤其是女性在经前几天用红酒做 SPA 会缓解痛经和烦躁情绪。红酒的味道会舒缓女性经前一切紧张情绪。

原料：红酒适量 (200~300ml 即可)、蜂蜜 20ml

1. 将 200~300 ml 红酒加入泡澡的水中，将身体浸泡其中 15~30 分钟，并用双手按摩身体直至全身微微发热。

2. 泡澡后，必须用清水彻底将身体冲洗干净。

美丽提醒：

1. 红酒 SPA 的水温不要太高，因为红酒中的维生素、果酸等在高温下容易变质、流失。SPA 泡浴之后的冲洗也非常重要，避免过多酒精残留在肌肤上，带走肌肤的水分，导致肌肤干燥。

2. 用来做红酒 SPA 美容的酒一定要新开封的，这样才可以保证营养成分没有受到污染和破坏。

3. 可根据红酒的颜色判断美容品质，紫色通常是年份较短的酒，深红色是年份较长的酒，砖红色或褐色则是代表更成熟的酒龄。通常较深的酒色品质也相对比较好，营养成分也更加纯正和丰富。

CHEONG-SAM, MAGIC
KEY OF GRACEFULNESS
旗袍是你的优雅法宝

郑涵文的美丽心语：

旗袍和晚礼服哪个更适合中国女性？很久以来我找不到答案，两者拥有完全不同的味道，我无法舍弃它们各自独特的魅力。在这次拍摄中我感受了它们不同的魔力，两者都让我着迷，女人面对美丽通常是没有任何免疫能力的，我不得不承认。但是旗袍所呈现出的东方女性独有的婉约气质真的令人陶醉。

东方女性娇小玲珑的身材比例更适合演绎旗袍，但是穿旗袍又很受束缚，比如你的坐姿站姿，都很有讲究。任何一件衣服如果束缚我，我会毫不犹豫地把它脱掉。因为我们不是衣服的奴隶，它只不过是用来美化我们的一种手段而已。但是我们完全可以通过高级定制来找到最适合你的尺码和裁剪，来完成一件属于你自己风格的旗袍，今天旗袍已经不再是传统的设计，无论面料和裁剪都可以根据你自己的个性让它散发新的优雅气息。

我喜欢这件优雅的紫色皮纹旗袍，它的色彩柔和含蓄，裁剪十分立体。旗袍的剪裁和工艺十分重要，如果你要让自己优雅迷人并带有东方气质，我真心建议你来穿旗袍。它带来的玲珑曲线和气质真的令人着迷。之前我并不是特别接受旗袍，但是通过这次私人美丽定制的设计，我看到它让我成为优雅的女人，没有人会拒绝优雅的味道，所以我还是要和你分享穿旗袍的感受和这款造型带给我的震撼。

女人应该知道自己的优势，大多数中国女性的胸部曲线不够饱满和完美，不要紧，你完全可以通过选择适合你的内衣弥补你的遗憾，如果你的臀部线条不够完美也可以透过造型内衣来进行线条的修整，穿旗袍最怕你有过多的赘肉，所以健身十分有必要，如果你可以在穿旗袍时有着结实的肌肉线条和曲线，那么相当迷人。我会为自己选择最好的修身内衣，这会使你瞬间爱上自己的线条，也会让你提醒自己要更加关注身材的完美。

ORNAMENTS OF CHEONG-SAM
旗袍的配饰

人们通常会选择珍珠作为旗袍的配饰，但你也可以选择同类色和撞色来搭配，小面积钻石设计的混搭会让你更加迷人。当然如果你的旗袍样式简约，你完全可以根据你的专属季节风格选择或夸张或自然的饰品。

把饰品戴在颈部是比较常规的自然搭配，耳饰你可以根据你的脸形选择它的长度、面积和质地。通常你不需要太过于夸张的设计，过于夸张的饰品只适合拍摄平面广告或者模特时使用。

把饰品戴在手腕上可以让你的线条更完美，尤其是夸张的饰品会让旗袍的味道更时尚迷人。

COSMETICS 旗袍的化妆和造型
AND STYLE FOR CHEONG-SAM

几乎所有的女性在穿旗袍时，裸妆都是一个很合适的选择。但是如果你足够叛逆和张扬，你也可以按照时尚杂志和大明星那样，用个性的眼妆和大红色的唇膏让你散发诱惑的味道。美丽一定不止是优雅，即使旗袍本身的气质是优雅的，但是你完全可以抛开优雅创造新的风尚个性。

随意的盘发和卷发都会给旗袍带来几分迷人的味道，但是如果你要彰显个性，凌乱的长发和短发都会让旗袍绽放新的味道。这些造型更适合拍摄杂志和广告图片时来展示独特的个性，更多女性在生活中需要柔和平静的美。

不同风格的女性如何选择适合自己旗袍

颜色、款式、质地、做工都十分重要，尤其是你要了解自己的风格，根据自己的气质来选择适合自己的旗袍。

■ 春季型女性

颜色明亮，质地柔软，做工简约的旗袍很适合你。由于你的肌肤白皙，气质温柔，你选择的旗袍要颜色柔和，避免黑色旗袍和暗色旗袍。珍珠粉色、贝壳粉色、明亮的薄荷绿、淡淡的湖蓝色和明亮的黄色都会让你娇美可人，配上淡雅的妆容会让你十分有气质。

■ 夏季型女性

性感的颜色，各种艳丽的色彩和时尚的设计，尤其是短款旗袍十分适合夏季风格的女性，强烈的个性设计比如豹纹旗袍、斑马纹旗袍和金色旗袍都是你的首选，这类风格的旗袍配上十分个性的眼妆会散发出巨星般的光芒。你完全不用被它的优雅局限，你可以把温柔的旗袍演绎得性感野性，也可以制造一种叛逆般的优雅！

■ 秋季型女性

更多女性喜欢温柔内敛的旗袍色彩，当然身为中国女性优雅的味道十分重要。如果你是秋季风格的女性，记得一切柔和内敛的色系都非常适合你，服装的质地也是重要的部分，避免过于鲜亮醒目的质地，但是要让旗袍的色彩和款式尽量简约，凸显身材的曲线。因为大多数中国女性的肤色暗黄，建议你的旗袍要有些光泽感才可以让你神采飞扬。当然你也可以通过化妆造型让你的肤色和妆容更加明亮动人。

■ 冬季型女性

这是最有个性的气质，从整体气质来讲冬季女性最适合黑白简约旗袍和纯色的旗袍，当然黑色蕾丝感的旗袍也很适合你。一切色彩艳丽和设计繁杂的旗袍只能破坏你的气质，你需要简约再简约的设计，无论短款和长款旗袍都会让你绽放冷傲的优雅气质。不要按照传统的化妆造型，你也许需要朋克一点的造型来突显你的气质，放弃所谓的完美，你需要强悍的个性妆容。

VEGETARIAN

Detoxification methods for beauty care--vegetarian diet

素食排毒美容法

每当秋天来临时，我都会用素食来减轻身体的负担，素食不仅带来一份好的心境，还可以深层地帮助身体排毒。

通过各种水果、蔬菜来给身体排毒，方法简单实用又环保。当今全球美容界渐渐迎来了细胞排毒的时代，这也是最安全有效的美容方式之一。

我们的肝脏是排毒解毒的重要器官，在我们身体的运行中十分重要。保护我们的肝脏，你可以长期食用蔬菜，不仅含有丰富的维生素，而且含有大量的纤维素、果酸、无机盐，这些物质是身体必不可少的营养成分。如果你可以坚持一个月以上的素食你至少会年轻5 岁。我们的身体并不需要过多肉食。

包菜：也叫圆白菜、卷心菜、甘蓝，性平，富含维生素 C、维生素 B_1、维生素 B_2，还含有胡萝卜素、维生素 E，养胃美容。

空心菜：含蛋白质、脂肪、胡萝卜素、无机盐、烟酸等，有解毒、清热凉血等作用。十分适合早晨的排毒体质食用。

西红柿：含蛋白质、脂肪、无机盐、烟酸、维生素 C、维生素 B_1、维生素 B_2 及胡萝卜素。具有清热解毒的作用。

大蒜：含维生素 A、维生素 B_1、维生素 C 等，其提取物具有抗菌、抗病毒、软化血管等作用。如果你不喜欢它的味道，也可以食用大蒜素胶囊。

黄瓜：含维生素 B_1、维生素 B_2、烟酸、蛋白质、戊糖。其细纤维具有促进肠道毒素排泄和降胆固醇的作用，所含丙醇二酸可以抑制糖类物质转化为脂肪，美肤减肥。

木耳：含脂肪、蛋白质、多糖。益胃养血，具有滋养作用。它有十分强大的减肥功效。

海藻：含大量碘、藻酸、维生素、蛋白和脂肪。性寒、味咸，有化痰散结之功效。

百合：含蛋白质、脂肪、脱甲秋水仙碱，有益气补中、益肺止咳安神的作用，秋水仙碱具有抗肝纤维化和肝硬化的作用。

胡萝卜：富含维生素 A 原（胡萝卜素），亦含挥发油。健胃消食，生熟均可食，对于提高肝病病人维生素 A 水平，间接预防癌变的发生具有较好作用。

冬瓜：含蛋白质、维生素、腺嘌呤、烟酸。瓜皮可利水消肿；瓜子可消痈肿，化痰止咳；瓜肉可清热止渴，美容减肥功效超凡。

PROFILE
轮廓

在我们年轻时，最让我们骄傲的是紧致的轮廓和吹弹可破的肌肤，但是地球的吸引力，压力，污染和不正确的护肤方法都会导致我们的轮廓日渐模糊，护肤如同一场和岁月抗争的持久战，每一刻都不能忽视它的变化，轮廓会无情地出卖你的年龄。

你的身体，你的脸形都需要一个完美的轮廓。美丽最重要的是一个完美的"型"，它代表你的个性，还要有你独特的"色"，就是你的发色和肤色、瞳孔的颜色，最后就是你的"风格"，而你的轮廓外形、肤色和发色正是制造最具你个人特质的风格造型的基础。

APPROACHING AUDREY HEPBURN
走近奥黛丽·赫本

郑涵文的美丽心语：

来到静谧清冷的 Tolochenaz 小镇探寻赫本，一圆年少时的美丽之梦。怀着对高贵灵魂的无比崇敬与感恩，我们与赫本开始了一段东、西方美的邂逅，灵魂之间的对话。夕阳西下，我们伫立在守护的大树下，如此真实地走进赫本，动容而泪不能抑。

赫本之美如同花的四季，美的形式最终都会归于平淡，而美的精神和灵魂将存世永恒。

赫本，代表美的永恒和能量。只要我还存在于这个世界，我就要尽己所能把拥有灵魂的美丽带给所有的世人。感谢永恒的赫本！感谢这世界给了我们美的信仰！我会一直守候这份美好！西方媒体说，愿你是东方的赫本！ Sure ！ I will ！ 愿意承载这份信仰和祝福，帮助千万女性遇见最美的自己！

我在东西方的美丽哲学里寻找美的答案，无论此刻你在哪里，天使之美都会点亮你的容颜！爱会让美丽插上飞翔的翅膀！美丽路上每一处风景都是我们感动和前行的理由，此刻我的泪水滑过脸庞！

在拍摄的最后，我们去了奥黛丽·赫本的墓地和她生活过的小镇，当我走近赫本的那一刹那，眼泪模糊了眼前美丽的景象。

美丽有着恒久的生命和永恒的灵魂，这一次我真实地走近了赫本，夕阳的余晖洒落在她曾经走过的小路上，此刻她静静守候着她生活过的小村落，眼前的一切无法让你想象赫本曾经的辉煌，她所留下的美丽已经不是一种形式之美，她的美足以震撼我们的灵魂，此刻一切都回归生命的平静和安宁，只有那棵见证岁月的古树在守候着赫本，它守候赫本一生的美，在每一个清晨和黎明拥抱赫本！

此刻我静静地伫立着，她曾经的银幕形象跃然眼前，她是真正的天使，她带给我们的美足以永世流传。从万千宠爱的好莱坞巨星，到联合国儿童亲善大使，再到此刻平凡地回归故土的天使，她留下的美，永远比我们记住的要多，她注定永恒！

身为东方美学设计专家，我在寻找一种可以感动我们的美，一切形式之美少了感动的理由都将会烟消云散，只有感动灵魂的美才是天使之美，赫本谢谢你，让我一直相信这世界的美好！感谢这个冬天和你的邂逅！我在美丽的路上。

STAR

MICRO-PLASTIC SURGERY — CREATE A BIG STAR

微整形—缔造大明星

郑涵文的美丽心语：

我相信这本《私人美丽定制》会带给女性全新的美的观念，但魅力不是一天炼成的，微整形也只是完美容颜的一个方法而已，它不是明星的专属特权，只要你想就可以去做，它立竿见影的功效和可恢复的安全性让这个项目成为无数好莱坞明星们永葆青春的秘密。

这真是件令女人开心的事。现在有太多好的方法可以让你拥有明星般完美的容颜，微整形是让你回复青春容颜的一个绝妙方法。

一个有魅力的女人首先要赢得人们对她的尊重，她的容颜会折射出她对生活的态度，我想我会是一个越来越精彩，越来越有魅力的女人，这是我能够驾驭和诠释的自己。

年龄只是个数字，重要的是要有一颗永远年轻的心和积极的生活态度。无论怎样，不要丢掉女人最纯真的一面，真实美好的内心最能打动人，这一切是整容无法办到的。你的心和对人生的态度才是美丽长久的制胜法宝，这些真的是任何微整形都无法改变的。明星也一样！

当我们不断翻看自己的旧照片，岁月在不断地改变我们的脸，你会发现每个人的容颜都在发生着巨大的变化。这种感觉真的很神奇，同样我们的容貌也会因为一款适合的发型，一个完美的化妆，甚至一副眼镜和配饰而变得完全不同。这就是美，它留存了时间的印记，让我们的容颜不断经历着岁月的洗礼，有些容颜历经岁月打磨却可以愈加动人。

看看那些身边的明星，一直都保持着不老的容颜和完美的身材，你知道这些美丽除了天然的遗传基因，更多的是美丽背后的高科技推手的功劳。

PROFESSIONAL ADVICE ON BEAUTY DESIGN

宋策—郑涵文微整形美学设计专业建议

首先，你要知道你是要找回曾经的自己，还是让自己变成明星或者你心里那个完美的样子，这是两个截然不同的微整形心态。通常你的心态决定微整形的方向，真实地跟医生和美学设计专家一起沟通。这点对于最后所呈现的效果十分重要。

通常我会建议你拿出你年轻时的照片，一定是素颜的，再拍一张现在的素颜图片，做个对比，把这些照片带给微整形设计专家和医生，做好沟通，看看你需要做的部位，让他们共同帮你完成你的美丽计划！

你需要一个完整的视觉整形计划书，要求专家和你的医生为你设计出微整形效果图。通常我们会设计 3、4 种不同方案：包括最接近自己的自然型，理想中自己要的完美型、年轻型， 还有你希望的明星脸。很多女孩子心中都有自己喜欢的明星，也许你的气质跟这些明星有几分相似，只要你喜欢，完全可以通过微整形做到明星脸。但是要求你的气质跟明星真的有几分相似，这样微整形后的效果才够自然！

完美的设计是成功微整形的第一个专业保证，永远不要相信只有沟通而没有视觉设计的手术，医生和设计专家表达的也许跟你想象的会有一定的差距，为了避免沟通不当而造成的手术设计失败，建议先是设计好效果图然后再进行手术，同时也可以修改效果图，让医生对你要的效果很清晰。医生和设计师会根据你的需求和审美定制属于你的容颜！

记住微整形并不是一次就可以完美的，这也是它的魅力所在，在不断调整的过程中日渐完美，所有人都会发现你越来越美，但是却几乎不会发现任何痕迹。微整形会逐步实现你理想中的美丽状态。

微整形几乎没有创伤就可以完成，只有几个针孔就可以让你瞬间完美动人。你可以很快看到效果，而且完全不会影响正常的工作生活，这就是它的魔力。这就是为何许多明星、政界要人和名媛痴迷这种神奇的回春疗法和容颜再造技术的原因。每一张面孔都有自己的标志，我们只要让自己回复到年轻时的状态和靠近你心中完美的自己就足够了！

好的微整形设计师和医生一定会为你设计专属于自己的面孔，这就是"私人美丽定制"式的设计，不要看别人的脸，这世界没有一张脸孔是可以完全复制的，只有找到属于自己个性的容颜你才会获得无与伦比的自信和能量。

选择可信赖的专业药品和经验丰富的具备专业资质的医生，是保证微整形效果和安全的前提。医生的经验和审美以及你自身对美的态度决定着微整形最后的效果。

微整形药品的选择，最好用可降解非长久有效和长久安全的产品，因为随着科技的进步和发展会有更多更好的微整形方法，以便于你能够接受更好的方法让自己的容颜越来越完美。

PERFECT

CUSTOMIZE PERFECT YOUTHFUL FACE

定制完美年轻容颜

FASHION PLASTIC

风尚整型

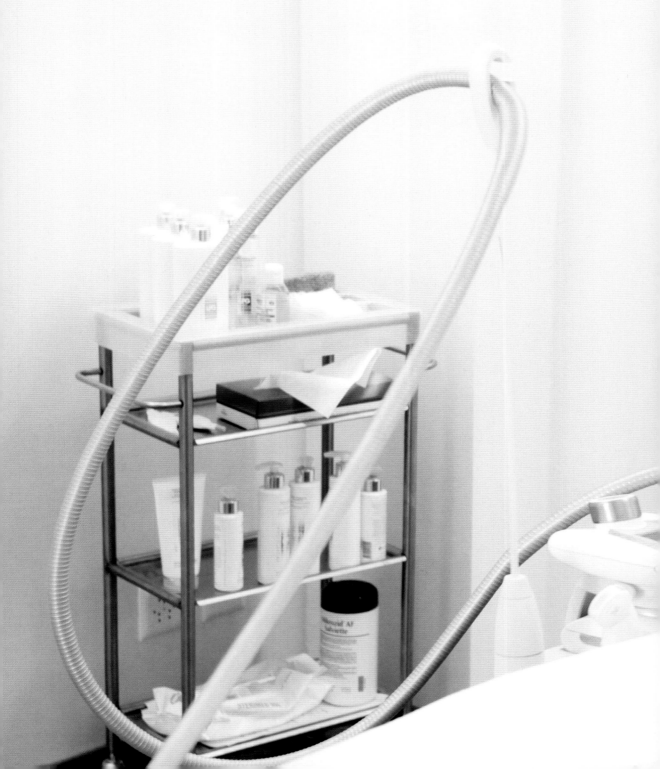

在好莱坞的明星圈有两样东西让所有人迷恋，它们就是肉毒杆菌和玻尿酸，它们的除皱美容功效和安全性令很多明星痴迷。

肉毒素彻底击退动态皱纹，让你拥有明星般完美的脸蛋儿

动态皱纹也叫表情纹，指做表情的时候会出现的抬头纹、额纹、川字纹、笑纹、鱼尾纹等。这些困扰着人们的动态皱纹，完全可以注射解决，肉毒素作用于皮下表情肌上，能抑制运动神经的传递，使局部肌肉减少收缩或降低张力，从而减少皱纹。

肉毒素对祛除抬头纹、眉间纹、鱼尾纹等动态皱纹效果都非常显著。为了避免表情僵硬，注射肉毒素一次不宜过多过密，一旦注射过密可能会引起表情僵硬，虽然嘴在笑，眼角却一点反应也没有，让人看起来表情很怪异。

注射肉毒素的安全系数

肉毒素是一种生物制剂，和人体的兼容度很高。上世纪 80 年代肉毒素开始在好莱坞盛行，经过几十年的变迁，它在美容除皱中的位置依然是绝对的无可替代。

有关肉毒素的负面报道，很大程度上是因为有的人可能使用了不合格的产品。肉毒素的冷藏、剂量，还有进货渠道国家都有严格的规定，一旦药品存放时间过长或者剂量不达标等，都会造成难以预计的后果。目前在中国批准使用的肉毒素有两种：一种是美国艾尔建公司的保妥适(BOTOX)。另一种是中国兰州生物制品研究所生产的衡力。

EYE
EYE INJECTION ANTI-WRINKLING

眼部注射除皱

风靡全球的除皱针——玻尿酸回春针

　　肉毒素解决动态皱纹相当的有效。但对于静态皱纹，注射玻尿酸回春针显然效果更胜一筹。将两者完美地结合在一起能让肌肤平滑，并且十分自然。

　　皮肤老化和松弛都是产生皱纹的主要因素，静态皱纹中最难解决的就是法令纹（鼻唇沟）了。

　　在去法令纹时，玻尿酸回春针效果显著，但有些人法令纹较深，褶皱部分玻尿酸不易注射到位，所以专家建议先采用溶脂针降低褶皱深度，再用玻尿酸填充。如果在去除法令纹的同时，注射苹果肌，使松弛肌肤上提，看上去会更显年轻。另外眼角的皱纹使用玻尿酸填充也非常有效，因为眼周的肌肤很薄，而玻尿酸的分子量很小，注射后，肌肤中的弹力纤维易于支撑肌肤，这样效果维持时间也比较长。玻尿酸是人体的组成部分之一，同时还是保湿因子，注射其不但没有副作用，而且在除皱的同时还能起到保湿的效果。

　　玻尿酸是可代谢物，从医学角度来讲它是最安全的。玻尿酸除了除皱功效外，还可用于注射隆鼻，注射隆下巴，面部微雕，丰胸以及校正不完美的腿形，提升臀部线条。

玻尿酸回春针怎么打效果更好？

回春针特别适合平铺来施打，通常在皮下 1~2 毫米进行平铺注射，不仅能促进自身组织细胞再生，还能为细胞增殖与分化提供合适的营养与场所。像太阳穴部位，施打回春针后，即使过了两年也都能保持良好的形态，所以注射回春针，等于让你的肌肤得到了一次全面的立体雕塑护理。

除了注射之外，还有美国热酷紧肤、深蓝射频、电光内雕等非手术射频治疗方式，3D 立体微创提升术等多样解决方案，让除皱变得更简单。

液态拉皮功效

让你的肌肤回复前所未有的光泽和弹性，轮廓清晰，制造完美的上镜脸形。这是一种胶原提拉针剂，学名叫"Sculptra 3D 聚左旋乳酸"，能刺激胶原蛋白新生，让老化的皮肤恢复紧实、平滑，填补凹陷的纹路。打破传统拉皮模式，除了具有传统电波拉皮的紧致提拉作用外，还有填充效果，缔造明星般紧致的轮廓。

适合人群：全脸、眼皮下垂，额头凹陷较多的人群

轮廓固定

这是一种通过设计和美容针剂共同完成的面部雕塑美容微整形，让我们的脸部保持最佳轮廓，是好莱坞明星最热衷的微整形方式。配合 3D 提拉，固定青春定格网，让整张脸回复青春美态，是目前最受推崇的回春美容微整形方式，因为安全，成为当下明星最热衷的美容方法。

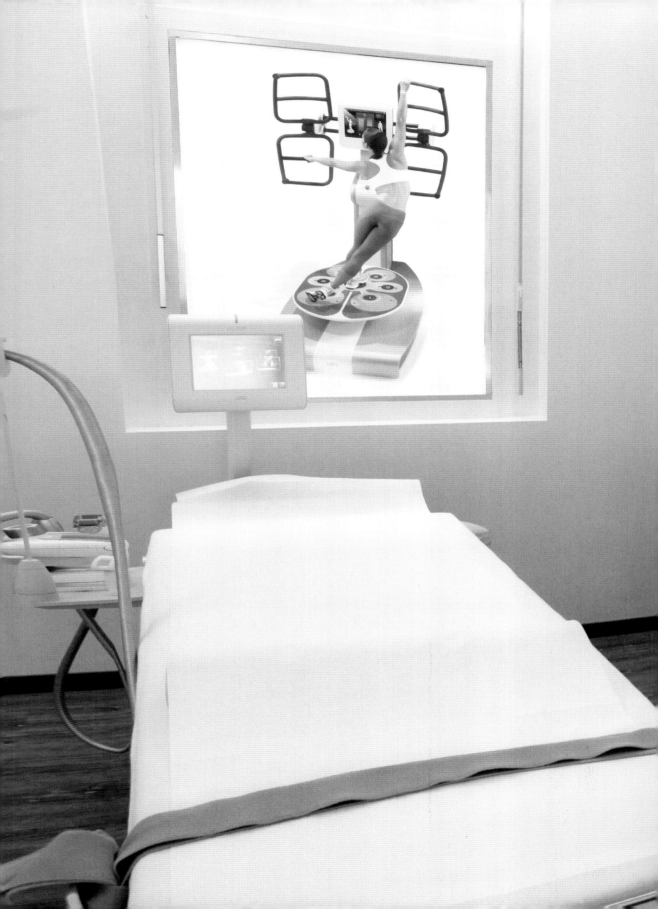

INSTANTLY ENCOUNTERING A LUXURIOUS AND ELEGANT SELF

瞬间邂逅奢华高贵的自己

女人是这个世界最独特的一道风景，没有人可以抗拒美丽的女人

郑涵文的美丽心语：

当我置身美岸酒店古典低调的欧式奢华气氛里，我瞬间忘了之前工作带来的疲惫，仿佛瞬间远离了在职场上奔波的自己。

服装会带来一种强大的能量，让你去发现新的自己，陌生的自己。这件红色礼服的设计融合西式立体裁剪工艺，贵气迷人的颈部设计和垫肩，让人自然拥有王者般的气质。身处这样华丽的氛围，女人是幸福的，通过高级定制专属的妆容造型，你可以瞬间去邂逅那个高贵优雅的自己，一个真实美丽的自己。你可以尽情展示着女人完美玲珑的曲线，你可以性感、可以冷艳、可以妖媚，女人在这一刻是精彩的，仿佛世界只有她们。

我喜欢这款简约的发型和经典的妆容，感谢宋策老师为我精心打造的这款完美的秋季风格妆容造型，在过去，我不敢接受咖啡色的眼影和金色的眼影，但是身处这样奢华迷离的氛围我本能地接受了这些让我更加美丽的高贵色彩，学会尝试在不同的季节里变换服装、造型、妆容、配饰。改变的过程所带来的惊喜和震撼是我期待但未曾想到过的。

　　今天我们生活在一个快节奏的时代，身边时刻在发生着巨大的变化，美丽如同这些变化，时刻在挑战我们的视觉神经。尽管此刻我感觉到像好莱坞明星般的高贵，但是回想这一组图片的拍摄，从化妆到拍摄只有短短一小时时间，我们迅速地完成了一次和高贵的邂逅，没有来得及去细细体味美岸酒店的一切，就踏上了开往巴黎的火车，开始下一段美的行程。女人为了美走世界，男人则为了征服走世界。但是我们永远无法否认女人的美貌和智慧同样可以征服世界！我们可以不是最美的女人，因为美没有标准，但智慧可以让女人变得高尚美丽！

CUSTOMIZE A WINTER BEAUTY

冬季私人美丽定制 W

冬季仿如一个有经历的女人,在她们身上保留了女性对美、对生命的礼赞,她们内心纯真,外表冷傲淡定,历经岁月依然动人,即使眼角留下岁月的划痕,依然无法阻挡她们摄人魂魄的气质。她们在岁月的洗礼下散发着淡定冷傲的光芒,因为她们不再惧怕这季节的轮回,只为等待下一个春天如期而至!

WINTER

CARE PLAN ON CUSTOMIZED WINTER BEAUTY

冬季保养计划

　　这个季节很多女性会本能地发现，自己一直以来是个冷美人，看似拒人千里，但是并不代表你内心不够温柔，这只是你最独特的外在气质，冬天型的冷傲美人。每一个女人都有自己的风格，但是冬季风格的女性会让人产生一种天然的距离感。当你了解自己的风格，并学会用它来定制你的美丽，要么把这种冷傲的气质发挥到极致，要么变得温暖。每一种季节的女性都有温暖或者相对冷傲的气质，但是只有冬季型女性最适合用冷傲的色彩装扮。我称这个季节为气场女王的季节。

　　你无须担心，即使你是温柔的春天型女性，你依然可以通过造型、设计、服装的搭配和彩妆色彩的选择让自己绽放温柔以外的冷傲个性。

　　美丽如同一场游戏，你可以肆意地去发现自己不同的个性，这个冷傲的季节郑涵文为我们演绎了一位温柔背后的冷傲贵族，在巴黎清冷的街头她没有去感受属于她的浪漫，但是却绽放了最迷人的冷傲气质，这是她不曾想过的美丽，这一次在"私人美丽定制"的旅程里，她邂逅了冷傲的自己！巴黎也因为这场美丽的邂逅而感动！女人最重要的是发现自己的无限潜能。美丽就像潘多拉的宝盒，如果你懂得解开她的美丽密码，打开它，你会重生！这个冬季把你的美丽交给我们。我会带你去寻找属于你的美丽世界！

ADVANTAGES

ADVANTAGES AND DISADVANTAGES
OF FEMALE TRAITS IN WINTER

冬季型女性个人特质

冷白色或冷黄色调子的肌肤，肌肤很少出现红润，轮廓明显，眉毛、头发和眼球的颜色偏黑。如果你要改变这种拒人千里的气质，你可以选择温暖的妆容让自己变得柔和，但是我并不建议这样做，每一个人都应该有自己的标志，无论你如何改变，你的气质总是流淌在你的每一个细节里，只有做自己才是真正的美丽定制。

你看起来冷傲，有气质和距离感，更有成熟的气息。你亲和力不够，看起来没有温暖感。肌肤缺乏红润，没有光泽，由于头发和眉毛颜色偏深，看起来严肃，没有活力。关于这部分你无须担心，一件适合你的服装，一款适合你的发型，和化妆造型瞬间就可以改变这些劣势，让你成为人群中的焦点。

冬季型女性独家美容秘籍

与其他几个季节女性相比，冬季女性肌肤最大的优势是不容易产生细纹，但是最容易衰老的部分是外轮廓，也就是肌肤大面积松弛。这主要是因为冬季女性面部表情长期缺乏运动，肌肉弹性缺乏，最有效的方式是经常微笑增加面部肌肉的弹性，以及通过面部按摩来加强淋巴系统的排毒排水功能。所以这个季节的女性非常适合使用轮廓紧致作用的抗老面霜。护肤成分的要求也更为精准，通常这类型女性很少受到大面积斑点的困扰。美容诉求最重要的是弹性护理。通过按摩和提升肌肤的循环能力，再涂上高保湿抗老精华，后续的抗老面霜完全可以锁住之前使用的保养品中的有效成分，并送至肌肤深层。翌日清晨你会明显感受到肌肤变得极致滋润、柔软、紧致。

不需要美白产品： 避免过分使用美白产品。你的肌肤通常在冬天自然就变得冷白，但是会看起来气色不够好，所以你需要经常按摩促进血液循环让脸色红润。

防晒很重要： 你需要在夏天和秋天做好美白工作和防晒工作，避免让你的肌肤变暗，记得你的气质属于冷白的高贵风格，千万不要把自己晒成古铜色，这会比较冒险，完全破坏你高贵的气质。

眼部护理： 尽管你不容易长皱纹，眼部娇嫩的肌肤依然需要最好的护理，透明啫喱质地的眼霜很适合你，可以避免长出脂肪粒。

日本美容专家最近研发了一款抗皱精华露，其中的独创保湿成分"乌鲁嘛鲁酸衍生物"能渗透肌肤，长时间持续滋润，所含的独创保湿网状聚合体在肌肤表面形成滋润屏障，能够改善细纹，再配合高效美容成分积雪草精华与"熊果衍生物"相互作用，会让肌肤生成胶原蛋白，建立肌肤胶原纤维束结构，可以改善深度除皱纹和抵抗地心引力，非常适合冬季女性保养使用。

CUSTOMIZE YOUR 定制你的颜色和彩妆风格
STYLE AND COLOR OF COSMETICS

妆容风格设计

各种冷艳和时尚感的妆容都非常适合这个季节的女性风格。妆容的风格以冷色和华丽的对比色来表现，彰显呈现桀骜不驯的气质。冬季型女性要避免过于简单的妆容，面部妆容强调一个重点，比如夸张的眼妆或者完美的红唇，这样会带来很强的视觉妆效，非常适合为冷傲的冬季型女性带来十足的气场！

冬季女性有自己标志性的个性，五官精致大气，非常有气质，服装化妆造型最适合用利落线条和简约的冷色去表现，一切过于柔软的线条都会破坏冬季女性的风格和气质。

粉底的选择

适合：这个季节的女性都有冷白或者冷黄色基调的肤色，因为你的肌肤白皙，冷调子的粉底非常适合表现你高贵的气质。珍珠贝壳粉色妆前基底乳可以让脸部更有立体感。放在粉底之前来使用，可以让脸部更有立体感。你非常适合哑光粉底，以及哑光迷雾粉状质感。

不适合：避免过于温暖的粉底。不适合暖基色调子和古铜色调的底妆。避免肌肤过多的光泽感淡化脸部的线条。

眼影颜色的选择

适合：深紫色　藏蓝色　薰衣草粉紫色　深棕色　黑色　绿松石蓝色　宝蓝色　银色

不适合：金色　红色　暖咖啡色

眼线和睫毛的风格

最适合用黑色眼线和睫毛表现眼妆的个性，黑色眼线会带来冷傲的线条和贵族般迷人的气质。非常适合深黑色的眼线液和深棕色眼线液描画出锐利的眼部线条。

黑色睫毛和夸张的舞会睫毛都适合冬季型女型。可以制造出超模般的时尚气质。

胭脂的选择

适合：冷棕色　橙棕色　冷调杜鹃红色　玫瑰色珊瑚粉色

不适合：粉色　粉红基调色　橙黄色　艳粉色

膏唇色的选择

适合：栗色　红色　艳红色　裸色　深咖啡色玫瑰紫色　蓝莓色　哑光唇膏

不适合：橙色　浅粉

大红色口红在冬季女性的脸庞会绽放出巨星般的气质，非常适合哑光质地和柔雾质地。

指甲颜色

适合：银色　冷白色　宝蓝色　黑色　杜鹃红冷玫瑰色　圣诞红色

不适合：金色　橙色　浅咖啡色

发型造型和发色

适合：纯黑色和冷棕色以及银白色都非常适合冬季女性的气质，如果你需染发或者造型，直线条和有个性的造型都非常适合棱角分明的冬季型女性。

不适合：金色 棕色

会破坏你冷傲的气质。

DRESS CHOICE
OF WINTER FEMALE

冬季型女性的服装选择

在春夏秋冬四个季节的女性中，冬季型女性是最有气场和个性的女性，她们个性十足，带给人过目难忘的硬朗气质，纵然是回眸一笑都带着冷傲。黑白和冷色以及银色系非常适合这个季节的女性。大面积金色则应尽量避免，以免冲淡高贵冷傲的味道！

冷艳的圣诞红和一切对比度大的冷色都十分适合表现冬季型女性的气质。避免明黄色、和一切粉色和浅绿色带来的肤色晦暗感，冬季女性最不适合表现粉色系，这个特质和春季型女性截然不同。

JEWELRY CHOICE OF WINTER FEMALE

冬季型女性的珠宝选择

　　宽大的设计感十足的饰品最适合表现冬季型女性的气质，冷色系饰品如钻石和大颗珍珠饰品以及造型夸张的饰品可以衬托她们高贵冷傲的气质。

　　金色和暖色的饰品并不适合冬季风格女性，如果你要选择，最好用冷暖交替金银色混搭的方式，并要有很强的设计感才可以。

　　首饰一定要根据自己的脸形和体型去选择，身材高挑的冬季型女性适合选择大的饰品，相反身材娇小的冬季型女性适合面积不是太大的饰品。个性硬朗和线条清晰的立体设计很适合冬季风格的女性。

ZHENGHANWEN: WINTER MICRO — PLASTIC SURGERY
AND KNOW-HOW OF MEDICAL BEAUTY CARE

郑涵文：冬季型女性微整形和医学保养秘籍

这个季节的女性有两种诉求，一种是希望自己的五官柔和，还有一种就是希望能够更加凸显自己的个性。在做整形设计之前，一定记得保持自己的个性和个人特质。

从美学设计角度看，冬季女性最适合稍微夸张的立体脸形雕塑，因为你的脸庞是春夏秋冬四个季节女性里最有气质的一种，所以设计时一定要凸显立体和精致，并可以适当夸张，这样才会让你气质更加超凡。你需要跟你的美学设计师深度沟通来定制设计你的微整形计划，并通过设计看到你所需要的效果。现在顶级的微整形设计专家会给你最好的设计，你可以在微整形之前清晰地看到定制微整形后的完美效果，并参与其中来设计你需要的效果。

你非常适合眼睛部分的精致微整形，比如加深双眼皮深度和紧致度，提拉眼形和眉形让个性气场十足。如果你的眉毛比较淡，比较稀薄，建议你完全可以种植眉毛让自己看起来更加完美。通过微整形的方式让你的眉骨更加高耸，不仅可以让你看起来年轻，还可以让眼睛变得更立体，也可以让脸部看起来十分有立体感。

打造花瓣唇形，可以很好地柔软女性的轮廓，同时也会保持你的气质。冬季女性最不适合薄薄的唇形，如果你的唇形不够丰满，你十分有必要做个玻尿酸丰唇。你会很兴奋地发现，它带来的令人惊喜的自然效果绝非化妆可比，也是唇膏永远无法带给你的饱满唇形。

通常冬季型女性脸形立体分明，但整体轮廓容易松弛，所以，非常适合 3D 立体紧致提拉微整形。通过提拉紧致，至少会让你的轮廓年轻 5~10 岁，并且看起来十分自然，还能避免拉皮手术可能带来的风险和永久性伤害。

健康保养方式

细胞排毒保养可以清除你体内和血液的毒素，迅速恢复体能健康。干细胞美容保养疗程让肌肤呈现红润细腻的质感，使肌肤重生。

CUSTOMIZE
YOUR PERFECT SKIN
定制你的完美肌肤

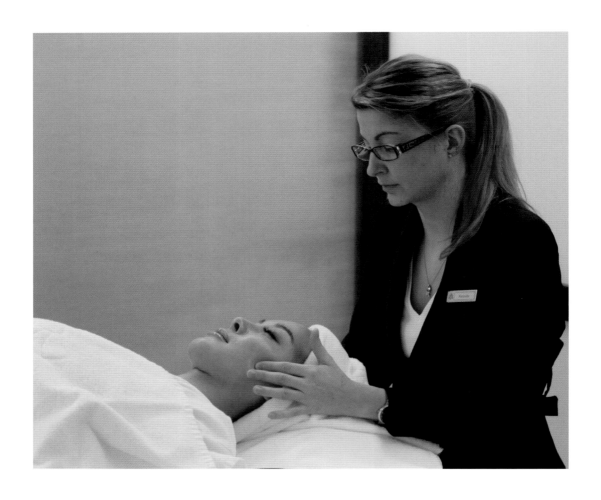

如果你一直在使用昂贵的护肤品,却无法获得健康年轻的肌肤,我建议你开始定制你的护肤美容计划。仅仅依靠昂贵的护肤品并不能让你永远年轻,美容护肤需要综合手段的共同努力才可以完成。

全球影视明星和政要名流为何能在高强度的工作下保持容光焕发呢？几乎所有的商界巨富、明星都有自己专属的私人美容护理专家。

私人美容护肤专家是今天顶级美容中心专业的重要保证。

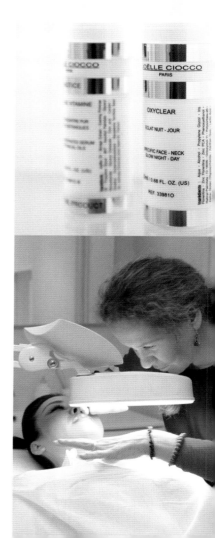

私人美容护肤专家被美容界公认为"完美肌肤的守护者"。她们为明星设计最安全有效的护肤疗程,根据客人肌肤状态规划全年护肤计划,提供最私密、耐心、专业细致的美容护理服务。这已经成为全球护肤沙龙的一个趋势。当然真正的护肤定制专家需要相当强的专业背景,包括医学背景,只有相当有资历的美容护理专家才可以为客人提供私人护肤定制服务。

健康肌肤需要私人美容定制服务,只有针对自己的肌肤,给予最好的护理方案才会让肌肤美得更长久！

HOW TO
CUSTOMIZE YOUR PERFECT SKIN
如何定制你的完美肌肤

专业的私人美容护理专家会持续根据你的肌肤制定全年护肤计划：

■ 护肤品管理，护肤品更新、采购和保管。

■ 帮你做护肤日记档案管理，为你寻找最好的护肤品、最新的美容资讯和绝密护理方法。

■ 会根据你的全年肌肤状态和生活习惯，为你定制专属的护肤品，从成分到香味以及护肤品的功效都会根据你的肌肤量身定制！目前好莱坞明星的护肤品大都是在专业美容诊所定制的，这让她们的肌肤随时保持最佳状态，即使每天化妆，依然可以光彩照人。

■ 给你最独特的护肤方法让你随时保持肌肤完美无瑕。这些不是简单的美容师可以完成的。

个人护理也不可忽视

■ 制定你的护肤日记，这是必须要做到的，你会很轻易发现我们的肌肤是有记忆的，如果你的肌肤在这段时间非常健康，除了护肤品的功劳外，可能你的饮食休息都很好。相反也许你很疲惫，但是皮肤却很好。这一定是护肤品和美容护理的强大功效。

■ 选择自己的护肤品成分。每一个人对护肤品的吸收不同，对护肤品中成分的敏感程度也不同。如果你对护肤品的某种成分敏感，只要遇上它，你的肌肤立即会产生排异反应出现过敏问题，肌肤只要过敏，便需要很久才可以恢复，而且可能把你之前的护肤功效全部毁掉。你需要记录下会造成你肌肤敏感的成分，并据此进行定制式护肤，这样就会完全避免这个恼人的问题产生。

■ 你需认真整理你的护肤品，肌肤需要不同的营养，你的护肤品要根据春夏秋冬四个季节甚至跟你生活的环境息息相关，同样的护肤品也许到了另外一个环境功效会打折扣，没有一种护肤品适合所有人，这就是定制护肤的重要性。你甚至可以根据你的肌肤不同部位涂抹专用的护肤品，你一定会看到无法想象的效果。我的经验告诉我肌肤需要定制护理，常规的护理已经无法满足高标准的护肤要求。

■ 定制每日的护肤程序，根据肌肤的自然状态随时调整，就像你会根据天气的冷暖来增加你的衣物一样。但是很少有人会因为天气而随时随地调整护肤品。这就是护肤定制，每一个细节管理好，就会保养出健康的肌肤！

■ 我会建议你跟私人美容导师保持良好的关系，她们经验丰富，会给你专业的意见，并找到最适合你的护肤方法，让你拥有完美的肌肤。

FOUNDATION
MAKES YOU PERFECT
用粉底让你完美无瑕

不管你是春夏秋冬哪种类型的女性，以下几点建议都适合你

■ 不要把粉底涂在手上来试。这是一个全世界女性都在犯的错误，粉底是涂在你的脸上而非你的手背上，这两个部分皮肤厚度和皮下脂肪都不同，粉底表现的质感也会完全不同，所以我们不能再错下去了。
美丽建议：涂在你的下巴和脸的外侧。这两个部分一明一暗。你可以看出哪个最接近你的肤色，那就是对的粉底。通常我建议大家选粉底一定选和肤色统一的才是最自然的粉底。这样整张脸涂好后，皮肤会显得白一度。 如果你一开始就选得太浅，等整张脸涂好就会看起来不自然，而且会很白，一看就是涂了粉底的脸蛋儿。

■ 没有一种粉底适合你一年四季使用。你至少要有两种不同色调的粉底按照不同的比例调和来对付你随时变化的肤色。
美丽建议：不同深浅调子的两款粉底足够了。你可以按不同的比例调出一年四季都适合自己的粉底，享受自己 DIY 是件很有意思的事。

■ 浅色遮瑕膏会让你的缺点更明显，很多女性喜欢用浅色的遮瑕膏来遮盖黑眼圈，其实这个方法会令你失望，不是因为产品不够好，而是我们必须学会用和你肤色一致的遮瑕产品。
美丽建议：记住和你肤色统一的遮瑕产品就可以了。

■ 粉妆恐惧症。很多女孩子怕粉底堵住毛孔，其实今天的粉底成分几乎是有护肤功能的，完全不用担心，反而外界环境的污染对你肌肤的伤害完全超乎你的想象。

我的经验告诉你，如果你不涂粉底让肌肤自然地裸露在外面，就如同你没穿外衣就来到大街上一样，粉底就是肌肤的外衣，它可以隔离灰尘和脏空气对肌肤的直接侵蚀，它带给你的美超越你的想象。

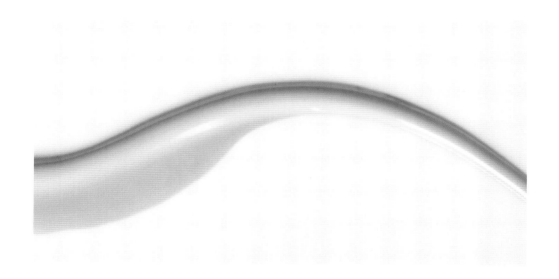

■ **春季型女性**　质地要轻薄透亮，BB 霜和裸肌粉底液很适合这个季节型女性使用。粉底的色调可以偏黄白色调和象牙粉色。

■ **夏季型女性**　最适合健康的古铜色带光泽的闪光粉底液，它让你的肌肤完美健康，也可以选用哑光的鹅黄色基调的粉底液。

■ **秋季型女性**　选用黄色基调粉底液和黄白调子的粉底液，使用后可以完美地修饰不均匀的脸色，让肌肤细腻有光泽。黄色和象牙白色遮瑕膏混合，非常适合秋季型女性的皮肤。

■ **冬季型女性**　冷白色调的象牙色粉底和冷色调的珍珠白粉底非常适合这个季节的女性，可以带来无瑕完美的肌肤和高贵的气质。尽量不要选择偏暖的色调，否则会与脖子形成一道很不自然的界限。

冬天空气寒冷干燥，冷空气会带走肌肤表面的水分，所以很多人的皮肤也异常干燥，如果皮肤水分流失得过多，肌肤表层会产生干纹、敏感、刺痛和绷紧，你会发现仅仅给肌肤表面喝足水分似乎已经从根本上解决肌肤缺水问题。肌肤一旦缺水会形成假性皱纹和干纹，如果保养不当就会变得干燥脱皮，严重影响肌肤的美观和你的情绪。这个季节肌肤每天都需要SPA护理。一周至少一次的专业护理和每日家居SPA护理十分有必要。

WINTER

MOISTURE KNOW-HOW OF SKIN CARE IN WINTER

冬季皮肤美容保湿秘籍

最有效的冬季美容保养方式 细胞深层保湿疗法

冬季肌肤衰老干燥最重要的原因是细胞衰老，此时沿用春夏美容护肤品给肌肤表面水分完全无法满足肌肤对保湿和抗老的要求。只有激活细胞深层的能量才会在冬季让肌肤焕发健康光泽。

细胞保湿疗法的灵感来自于安全有效的抗皱美容手术护理，微整形除皱的药品可以发挥超强的舒展皱纹功效，美容护肤专家为胶原纤维细胞做好深度修护，重建细胞的储量，填平肌肤表面，让皱纹舒展，此时补水的能力是肌肤表面补水的几倍，这也是在冬季我们要使用面霜和质地丰盈的护肤品的最重要的原因。

含有医学护理的 Cica-like 技术原理是法国美容专家最新发现的，这是一种保湿除皱最有效的方式，它不仅可以为肌肤重建支撑网络，也会迅速刺激肌肤纤维细胞迅速繁殖，让肌肤丰盈饱满，皱纹也会因此消失，真正做到细胞深层补水抗皱，此种功效的面霜是未来女性护肤新的方向，肌肤缺水会得到本质的改变。

Cica-like 技术是一种天然的细胞美容疗法，它可以重振细胞活力，在寒冷的冬季促进细胞的再生功能，淡化皱纹，深层保湿。

冬季美容秘密：

1. 只用冷水洗脸，不仅可以避免因水温过高带走肌肤表面的水分，还可以保持皮肤的弹性，也让肌肤有很好的抗寒能力。

2. 保养品经过一夜的吸收和皮肤自身的代谢，肌肤表面会恢复很好的酸碱度，清晨醒来用冷水拍面后，你可以直接用滋润度高的化妆水敷面。会保护肌肤的酸碱度平衡，回复肌肤天然美容层——皮脂膜的健康。

3. 冬季最重要的是皮肤的保湿。精华配合乳液状保湿品用于晚间使用，质地丰厚的抗老保湿霜也不错，霜状的保湿品因为有厚度，不仅可以保湿，还可以保持皮肤的温度，所以更适合在日间使用。

4. 晚间卸妆后用质地丰厚的乳霜或者按摩霜按摩肌肤，在护理品中加入保湿基底油再涂面霜，肌肤不会干燥，次日醒来也更容易上妆。

5. 眼霜一定要是日夜分开的。晚间可以用深度滋养的眼霜，白天则可以用清爽型的眼霜和有抗氧化抗污染功能的眼霜。

冬季最适合使用医学成分抗老面霜，保湿抗皱功效也相当明显。以下是最热门的美容保湿除皱和紧致轮廓的护肤品常用的成分，十分有效，你在选择护肤品时可以看看是否含有以下成分。

极致增长因子

一种综合生物增长因子，提升肌肤天然修复机能，使肌肤呈现年轻状态，于表皮层让肌肤平滑细腻。

类肉毒杆菌

类似医学注射肉毒杆菌，帮助肌肤紧实，恢复肌肤弹性。可以渗透到皮下组织，让肌肤在冬季一扫疲惫，轮廓紧致完美。

紧致六胜肽

好莱坞明星最爱的成分，增加肌肤弹性，使肌肤更紧致的同时令轮廓柔和生动，可以渗透于真皮层及皮下组织，紧致弹性功效非常明显。

神经舒缓肽

它帮助减缓肌肉收缩的速度，使肌肤看起来更紧实年轻，舒缓眼角的皱纹和嘴角的皱纹。

美容食品——从内到外保养肌肤的完美方式

内服美容品对改善肌肤的干燥非常有帮助。高效美容成分会给肌肤很好的弹性和紧实度，服用胶原蛋白和蓝莓美肌饮料，能改善肤质、保持弹性。进行外在的护理，更要注重内在营养补充，以增强皮肤层的胶原蛋白、弹性纤维及多糖体。从深层给肌肤滋润呵护，肌肤才能恢复并保持紧致、弹性和滋润，冬季也是肌肤进补最好的季节。

日常食物疗法也是非常必要的，煮红枣和枸杞水是最常用的方法。红枣的美容功效很好，它含有维生素 A、C、D 和黄酮，这些都是肌肤健康的必需品，在冬天对干燥的肌肤相当有好处，食用时可以加点蜂蜜。阿胶的美容保养功效延续已久，从古至今已有两千多年的历史了。女性服用阿胶不仅会让面色红润，去除面部的黄褐斑也十分有效，是至今美容界公认的最安全有效的祛斑方式。长期服用会让肌肤通透红润，肌肤含水量也会因为血液循环代谢加快得到根本的改善。

SECRET

SECRET OF PERFECT FOUNDATION

完美底妆的秘密

　　杂志和电视广告里超模的完美光泽的肌肤背后有着惊人的秘密，同样，那些光鲜亮丽的明星们在上镜和拍摄大片时，即使肌肤再好，也需要粉底帮她们在摄影灯光下打造无可而挑剔的妆容。这不只靠电脑后期，如果你想拥有和她们一样动人的肌肤，那么只需要一瓶适合你的粉底就能满足你的要求，再好的粉底都要依附于完美的肌肤之上，才可以让你更加完美。所以妆前准备对一个妆容的成功会起到决定性作用，不适合你的底霜会让你的皮肤看起来十分不自然，像戴了面具一样令人敬而远之。

如何选择适合你的粉底？

　　粉底的色调、质地和配方是你选择的三个最重要的标准。通常粉底有黄色调子和棕色调子以及粉白调子三种，以适应黄种人和白种人以及棕色人种的需要，在这三个调子的基础上添加不同明度的粉底色料供更多人选择。

玻尿酸成分的粉底

　　皮肤白皙干净的春季型女性可以选择带有光泽的粉底液，含有玻尿酸和植物护肤成分的粉底不仅带来完美的裸妆效果，还会带来很好的护肤功效、

哑光粉底

非常适合肌肤表面有凹凸感的女性和上镜时来使用，可以制造粉雾感的妆容。

粉底乳

　　适合制造专业的裸妆，也适合经常化妆的人使用，它的质地比粉底液更滋润，遮盖力也更好，不会显得过于厚重，完全可以遮盖脸部的瑕疵，有些粉底乳还加了防晒成分，可以过滤掉紫外线对肌肤的伤害。

轮廓紧致粉底

为了满足女性对完美轮廓的需求，很多粉底都加了不同反光成分粉底配方，通过光影的变化制造立体的妆容，最常见的是各种云母粉和珍珠光泽的粉底配方，有些还添加了紧致功能的护肤成分，令妆容看起来十分年轻自然，这种配方的粉底近年来受到巨大的拥护，尤其是适合在拍照和上镜时使用，会迅速让人年轻充满活力！

如何卸除粉底？

无论你是哪种肌肤，只要你上了粉底，请一定用专业卸妆油来卸掉脸上的粉底，避免粉底残留在脸部就会形成色素斑点。不要带妆过夜，这对肌肤的伤害是摧毁性的，你的肌肤晚间一定要得到最好的呵护，如同你需要一个很好的睡眠一样重要。

我有一个很好的方法，卸除粉底后，你可以做一个深层清洁面膜完全的把粉底残妆成分清洁干净。

郑涵文的美丽心语：

女人绝不能没有粉饼

一个女人拿着一款精致漂亮的粉饼补妆的样子在我看来性感极了。那不经意间的眼神和状态都在宣泄着做女人的快乐和女为悦己者容的甜蜜。粉饼是让你快速美丽和迷人的魔法。即使你不是化妆师，你的肌肤也会因一层粉底顷刻间变得光滑细腻！仿若重生！它的出现实在是女人的一大救星。粉饼的色调要和你肌肤的色调一致才可以。建议你拥有两款粉饼，一款是半哑光的涂整张脸，再选用一块带有细致珍珠光泽粉饼用来涂在鼻梁、眉骨、颧骨和额头，这样你的脸会魔术般变小和变立体精致。你可以尝试只做一边脸来对比，你会发现小小的改变让你惊喜不已！

美丽建议：当你要立即见客户或是见到你心爱的人时，你只需要2分钟就可以让自己焕然一新，只有粉饼和唇膏会有这样强大的力量。

STEM CELLS FOR BEAUTY CARE
SECRET OF REJUVENATION

干细胞美容 —不老的秘密

如果你还在羊胎素和各种所谓的动物细胞美容里寻求不老的秘密，那就证明你已经落伍了。全球最有效的抗衰老方式来自自体干细胞的美容奇迹，这不仅是人类医学史上的一次革命，更带领我们进入逆生长的神奇时代。

人体的衰老，皱纹的出现，根源实质上都是细胞的衰老和减少，而细胞的衰老和减少则是由干细胞老化引起的。

干细胞是各种组织细胞更新换代的种子细胞，是人体细胞的生产厂。干细胞族群的老化严重减弱了其增殖和分化的能力，新生的细胞补充不足，使得衰老细胞不能及时被替代，全身各系统功能下降，导致容颜衰老和身体各种疾病的产生，各种污染和环境的恶化更加让细胞迅速衰退老化。

肌肤也会因为干细胞的衰老而无法及时更新和修复，所以，你产生了皱纹，失去了青春容颜。

干细胞美容原理是通过输注特定的多种细胞（包括各种干细胞和免疫细胞），激活人体自身的"自愈功能"，对病变的细胞进行补充与调控，激活细胞功能，增加正常细胞的数量，提高细胞的活性，改善细胞的质量，从而防止和延缓细胞的病变，恢复细胞的正常生理功能，从而达到疾病康复、对抗衰老的目的。

目前干细胞注射已经成为明星名流最迷恋的保养方式，因为干细胞带来细胞的再生和活力已经远远超越动物和植物提取物的美容效果，它不仅带来健康青春的肌肤，最重要是恢复身体的活力，让身体停留在最佳状态！

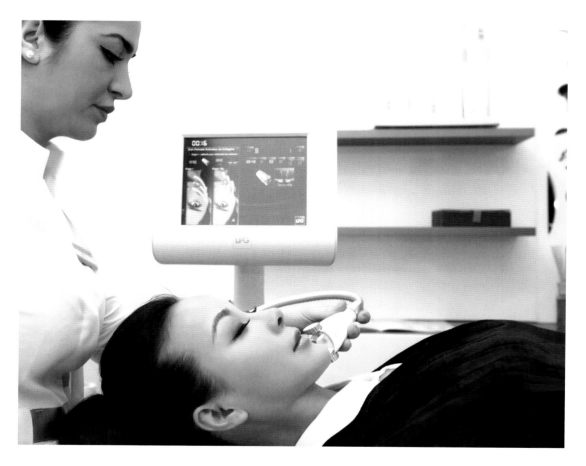

忙碌的节奏会让我们忘了自己，

给自己一份空间，忘了一切，在旅行中去寻找生命的意义

在一路风景的变换里感受别样的美

从天堂般迷人的岛国马尔代夫

到此刻阿尔卑斯山脉脚下的小镇

我的心情舒缓平静，感动于这一路美丽的风景和大家对美的坚持

无论怎样疲惫，都精心让自己绽放在每一处的风景下

自然的美是我们灵感的源泉

无论路有多远，只要心中那个美丽的梦没有消失

你总会在那个终点等待另一个自己

喜欢小镇的宁静，清澈的天空和童话般的白雪世界

让人忘了这世界还有忧伤

旅行是治愈伤痛的一味灵药

你的泪水可以在一路流淌

你的欢笑可以在一路肆虐

你的美丽会在路上绽放

在这样的午后，没有有喧嚣

没有烦恼，只有美丽它静静的伴着我

还有咖啡和空气混合的味道

生命本该如此美丽

TOWNSHIP

AFTERNOON

小镇午后

PARIS NOT ROMANTIC
IN THIS WINTER
PARIS

这个冬天，巴黎不浪漫

每个人心中都有一座巴黎，选择停留在一座陌生的城市，那它一定有值得停留的理由，也许是因为在这座城市里有你所追逐的梦想，也许是这座城有你爱的人。这一次因为《私人美丽定制》，我在清冷的季节走进了久违的巴黎。

没有浪漫的爱情，美丽是我的唯一动力。此刻埃菲尔铁塔一如往昔的倩影让我感受到美的能量，它在刺骨的寒风中带给我一丝浪漫和温暖。

女人可以为情而出走，女人可以为事业而出走。当我走进你，你的浪漫从未改变，只是这一次我为美丽而来。

3月的巴黎，我独自走在你的脚下感受一个人孤单的浪漫。我知道要成就一个美的事业，光鲜亮丽的外表是不够的，那只是这路上的一道风景。我们要给更多的女性带去美丽，专属于她们的美。感谢在这路上可以遇到宋策老师，带着对美如同生命般的热爱我们一同感受巴黎，没有爱情，只有一路同行的相识，相知，相伴。只为这一路的美丽而同行。

在巴黎的每一个角落，宋老师记录了我的美丽瞬间，那是属于我灵魂的美。感谢宋老师让我拥抱了最美的自己。我感谢这路上与他同行，曾经的孤单，曾经的无奈都在这美丽的路上远去。

巴黎见证了我们的"私人美丽定制之旅"。因为这一切让我更加感恩过去的一切经历。我在风雨中一路走来，从遥远的舟山群岛走来，美丽路上一路坚持，直到遇上你。我知道这是一种使命，生命中有很多必然都是因为我们心中那个梦。一个美丽的梦想在心底燃烧的那一刻就决定了这久违的邂逅。

巴黎，你的清冷让我不敢奢望爱情，你的美丽让我温暖，我知道这是一个属于你我的美丽时代。感谢你用一丝寒风拥抱我，一个人，还有一个的美丽守护者。

巴黎，你的冬季不浪漫。我的美丽在路上。

STYLE SHARED BY SONG CE
郑涵文巴黎造型分享

郑涵文是最明显的春季风格女性，原本这种气质的女性很难将黑色演绎得完美绝伦，但是在巴黎，我大胆帮她设计了这款中性冷傲的造型，我想表达一种冰冷的浪漫，粉色不是浪漫唯一的色彩。我能感受到她当下的心情，在巴黎拍摄《私人美丽定制》的每一刻，尝试着靠近最真实的她，她温柔的背后蕴含着坚强的意志和对美的强大信念，我时刻被她感动着，我想通过《私人美丽定制》去发现她更深邃的美，不需要再像春季般明媚，也不要夏天般炙热，只想这一刻看到她冷静的内心和淡定的气质，这也是春季型女性在历经岁月后的一次重生。她们不再畏惧生活带来的挑战，勇敢果断并充满正能量。

在这组造型中我选择了飘逸的黑色呢绒大衣，简约的裁剪和流畅的线条让她高挑的身材更加有力量。黑色的法式礼帽、浪漫的卷发给了我们些许温暖的气质。但是记得春季型女性穿黑色衣服一定需要搭配明亮的装饰；反差大的高明度色彩可以带走简单黑色的沉重感。

时尚的法式工装裤和高领毛衫装扮出她成熟淡定的专家气质，你可以叫她 super star。我坚信每一个女人都可以通过"私人美丽定制"成为最耀眼的明星。

郑涵文的肤色白皙，通过微整形设计，她的春季型气质变得更加冷艳迷人，但是无论怎样，她本质的美永远都是春季型的，所以这身浅驼色时尚工装和浅咖啡色的靴子可以把她的气质推向极致。简约高贵理性，又带着女王般的职场气息。

你要相信每一个女人都会在时光的打磨下更加璀璨动人，敢于尝试的女人注定会找到属于自己的美。这组造型是郑涵文从未想过的，但是我说服了她，让她在巴黎感受了不一样自己。

冬季风格女性本来就气场十足，如果你是其他几个季节风格的女性，记得在这个季节，简约立体和有力量感的造型也十分适合你。如果你想打破黑色的单调，你需要一顶亮色的帽子、一条亮色的围巾，再加上一个明亮的彩妆，这会让你在保留自己个性的同时更加美丽！

在不属于你的季节里你也应该有绽放的权利。春夏秋冬只是一个符号，你可以通过装扮让美丽绽放在每一个季节里，在保留自己风格的基础上加入当季的元素就会让你看到不一样的自己 。这就是我倡导的私人美丽定制哲学。女人应该是多变而保持自己个性的，这才是魅力。

FASHION

FASHION OF LIGHT TAN

驼色风尚

　　我精心地为郑涵文挑选了驼色的大衣，咖啡色的呢帽和平底咖啡色皮靴，你会看到这组造型中她温婉了许多，尽管是同样清冷的巴黎，服装的颜色和款式都让我们感到舒适温暖亲近，所有造型和搭配只有精心设计才会打动自己。

　　但是要记得在这个季节的妆容要比春天更加立体和精致，因为冬天里的衣服体积和结构比较突出，你的妆容如果是淡淡的会被服装造型淹没掉，让你看起来不够精神，棕色系带光泽的眼影和带有光泽的粉底都会让人温暖和亲近。眼线非常重要，黑色和深棕色的眼线都十分的合适，但是我并不建议你涂上过于鲜艳的红唇。驼色的服装造型可以很好地呈现你的职场气质，并且让你看起来优雅理性。发型优雅地梳理在一边，配合浪漫的棕色花饰帽子，优雅智慧的个性展露无遗。

　　春季型女性在冬天里非常适合选择驼色和白色的大衣，但是如果你的体型比较丰满我并不建议你用白色，郑涵文的身材结构非常完美，尽管她并不高挑，但是通过时装和造型使她看起来非常的有气质。私人美丽定制所倡导的美丽哲学是做自己的美丽主人，你可以通过搭配学习来找到自己的色彩并最终确定你的风格。

A WOMAN MAYBE NOT BEAUTIFUL BUT MUST BE GRACEFUL

女人可以不漂亮但一定要优雅

郑涵文的美丽心语：

我认为女人的魅力是你自己给予的，我看到了很多成功女性，她们都足够有魅力。成功的女人会在事业和爱情家庭上实现完美的平衡，她们从不放弃对梦想的追求，包容世间万物，在人生的路上她们淡定从容，并微笑面对一切。

她们对美有着自己最独到的理解，我想通过我的"私人美丽定制"跟所有女人分享真正的美。而关于美，其实宋老师比我们想象得更深刻。透过这本书我感受着我的每一次蜕变，发型、化妆还有服饰搭配和微整形设计，每个细节成就女人卓然的品位，这是我过去从未感受到的。

在过去，我对美的理解是爱和灵性的结合体，如果少了灵性的支撑，任何美都会失去它真正的意义，但是今天我明白完美的容颜和高尚的灵魂同样重要。

女人一生可以有无数的华衣珠宝，但是最昂贵的就是你的内心，它可以让你从内到外流淌出高贵的美。今天美丽已经没有一个固定模式和标准，在这样一个时代，你需要自己专属的美！即使你没有倾国倾城的容颜，但是你至少可以优雅地绽放，这是一个女人美丽的终极殿堂。

你可以不漂亮，但是你一定要优雅！

后记

寻美之路

在探寻美的路上，我有过失败的切眉经历，眉毛那道小伤疤也成为一个美丽的烙印，让我不能释怀，在我进修美学设计的过程中，我看到很多为美付出代价的女性，她们令我感同身受。

直到见到宋策老师，他说你很美，但你只绽放了你美丽的一个小小的部分。在每一次美的交流和探讨中我们总会碰撞出无尽的灵感，我们彼此都怀着感恩的心，抱着分享美的使命感，希望把美丽的经验通过一本书带给所有热爱美的人们，于是便有了这本书的开始。

经由拍摄《私人美丽定制》一书，我开始尝试宋策老师为我设计的不同妆容，接受不同风格的服装，当然也演绎着不同的美丽心情。发现自己的美丽原来可以如此尽情绽放，原来拥有更多的自信可以如此美好。这些给我心灵上带来从未有过的震撼，尽管我一直在和更多女性分享我的美学设计，但是如此完美的私人美丽定制哲学真正让我找到了美的根源和灵魂。

我在每一次的造型设计中感受着自己的蜕变和重生。让我对自己有了新的认知，原来女人不止一面之美，通过私人美丽定制，我找到了完美的自己，让我在每一个季节里都带着崭新的面貌去拥抱生活。尽管拍摄过程非常艰苦和疲劳，但是面对美丽，我们似乎彻底忘记了旅途的疲劳。你会在这本书中和我一起经历四季变幻的美妙风景，还有我自己从未想过的完美。

和宋策老师的合作拍摄中，让我深感美学设计的无比重要，这些让我们以尊重美丽，敬畏美丽的态度，给更多女性带来期待与欣慰。

微整形是瞬间能让女人自信的法宝。我从不排斥微整形，就如同你家的房子年久了你需要重新修护它，女人的脸一样需要定期的完美修饰。这是对自己的尊重和对生命的热爱，没有人愿意看到自己疲惫不堪的脸。

私人美丽定制宛如灵魂的外衣，为每个女人圆了内心里的明星梦。其实没有谁可以超越谁，欣赏别人，不做别人，只做自己。

郑涵文

　　这本书从开始准备到拍摄结束，用了仅仅三个月时间，但工作量是以往需要一年才能完成的，是怎样的力量让我们共同完成了这本书，直到今天我都依然觉得不可思议！我唯一可以找到的答案就是我们对美的痴迷，它让大家无惧这路上的一切。忘我的创造和拍摄，涵文在拍摄中付出的巨大努力让我至今觉得她是一个美丽战士。超强的精力和体力还有对美极度细腻和敏感的本能。这些都让我们的工作配合完美默契。我深深感恩可以有这样的伙伴在美的路上同行。

　　遇到郑涵文是生命中的必然，她是一个和我一样视美丽如同生命的人，我被她对美的态度和执着而感动，仿佛看到了自己十几年来在美丽事业行进中的影子，她也坦言通过这次"私人美丽定制之旅"，自己仿如重生！每当我的造型设计完成时，我们都会一起去体会这种美带给我们震撼和灵感，每一个女人都应该找到自己专属的美丽。就像这四季不同美妙的风景。

　　在拍摄期间我们拜访了欧洲的美容同行，在瑞士，因为我们的到来，瑞士国际电视台全程拍摄了我们在日内瓦期间的一切工作。这在当地新闻播出引起了很大的反响，他们问我们，为什么两位中国美学专家不远万里来到瑞士拍摄一本关于《私人美丽定制》的书？他们对这本书的关注，也让我和涵文我们彼此心里多了更多的使命感！

　　每一个坚持梦想的人，都是孤单的，而对我来说，如果不能创造美，就如同生命终结一样。此刻我在瑞士静谧的小镇，天使奥黛丽·赫本的故乡，我知道天使永远在人间，而我正是打造天使的勇士，这一路有美，有你们，我会一直走下去。

　　美丽无界，感恩生命！我是宋策！

宋策

2013 年 2 月于 瑞士

宋策

　　身为国际顶尖级美容彩妆造型大师之一，宋策拥有自己独特的美丽哲学，他不盲目追随潮流。在他看来，复制他人的风格注定永远无法走在时代的前端。唯有发现自己独一无二的美才是真正风尚的标志，十几年来他几乎触摸了所有当红明星和超模的面孔，但是他更喜欢那些平凡女性在他美学风格下绽放出明星般的光彩。

　　他拥有着化平凡为神奇的魔术手，2000 年从国外留学归来开始推广他的"亚洲风尚美"彩妆艺术。2010 推出第一本美学著作《亚洲风尚美》轰动时尚界，今天他的"亚洲极致裸妆"技术令人无不为之惊叹。在几乎无色的彩妆创意下让全球女性平淡的脸庞绽放出最具个性的专属美丽。他认为美的最高境界一定是化繁为简，以达到生命的原始纯净和天然美态。这也为他赢得"亚洲裸妆教父"和"亚洲优质偶像造型师"的至高美誉。2012 年再度推出《彩妆奇迹》，成为年度中国造型书的冠军销量榜首。

　　他不但是一位出色的美学艺术家，更是一位充满激情和创意的摄影师，他的作品呈现出独特的亚洲风尚视觉理念。而他开创的中国"私人美丽定制"时代，更让他成为亚洲造型师中杰出的代表。他坚信美首先是整体的和谐，而细节更决定一切！

　　2013 年，宋策携手亚洲顶尖微整形美学设计专家郑涵文，全球同步推出巨作《私人美丽定制》！

中国"私人美丽定制"概念创始人
亚洲裸妆教父、中国十大首席造型师
东方风行传媒明星级专家老师
《今夜女人帮》《美丽俏佳人》栏目专家老师
国际资深美容护肤专家

宋策网站　www.songce.com
宋策微博　http://weibo.com/songce
宋策博客　http://blog.sina.com.cn/songce

SONGCE

As an internationally top master of beauty care, cosmetics and style-shaping, Song Ce has his typical philosophy on beauty and never follows trend blindly. In his view, to copy others' style is doomed never to lead the tide of era. To discover personal unique beauty shall be the sign of true fashion. In the past dozen years, he almost touched faces of all hot stars and supery models, but he prefers to help those ordinary female to luster like stars under his aesthetic style.

He has magic hands to turn ordinary into great. After returning from study abroad in 2000, he began to introduce his artful cosmetics "Beauty of Asian Style". His first aesthetic work -- Beauty of Asian Style was published in 2010 and shocked the fashion circle. Today, his skill of "highest level of Asian nude make-up" is really amazing. Under almost colorless cosmetics originality, he has made plain faces of global female bloom the brightest beauty. He believes that the highest state of beauty must be turning complexity to simplicity, and achieving original and pure life as well as natural beauty. He has won the supreme reputation of "Compadre of Asian nude make-up" and "stylist of Asian superior idols". He published Wonderful Cosmetics in 2012, which has made the best seller of annual style-shaping books in China.

He is not only an excellent artist, but also a photographer of passion and originality. His work has shown typical visual concept of Asian fashion. The era of "Customized personal beauty" opened by him in person has made him an outstanding representative of Asian stylists. He believes firmly that beauty is integrative harmony above all, and details decide everything!

2013, he has collaborated with ZhengHanwen, a top expert of micro-plastic surgery and beauty design in Asia, and introduced a masterpiece Customized Personal Beauty worldwide in the same time!

Chinese founder of concept "Customized personal beauty"
Compadre of Asian nude make-up, Top 10 Chinese stylists
Star expert contracted with Fleet Entertainment
Column expert of the Tonight for Women and the Clever Beauty
Senior international expert of beauty and skin care

郑涵文

她清丽脱俗，智慧高贵，她坚信女人不仅要拥有独立的自我，更要勇敢去实现自己的梦想。一切外在的形式之美都可以通过私人美丽定制去完成，而只有灵性之美才是女人终极的美丽殿堂，20 年的美丽专业经历让她不断超越自我。勇敢前行，每一次完美的蜕变都是她拥抱自己最美灵魂的开始。

她被西方媒体誉为中国美容界的"奥黛丽·赫本"，她倡导"私人美丽定制"和"灵性之美"的极致美丽哲学让每一女人找到真正的自己。她是中国美业新时代女性成功的典范。

亚洲偶像级微整形设计专家导师
"私人美丽定制"美学概念创始人
国际资深美学设计专家
从事高端美容 – 微整形设计 10 年专业历程

郑涵文微博　http://weibo.com/zhenghanwen197451
　　　　　　http://t.qq.com/zhenghanwen197451

ZHENGHANWEN

She, an elegant, beautiful and noble being free from vulgarity, believes that a woman shall possesses not only independent self, but also the courage to realize personal dream. Any beautifulnessin external form may be achieved with customized personal beauty; however, the beautifulness of spirituality is the sole and final home of a woman's beauty. In the 20-year professional engagement in beauty care, she has been keeping on overcoming self-being. She goes ahead bravely, and each perfect evolution is a brand-new page for her to embrace more beautiful soul.

She has been praised as "Audrey Hepburn" of Chinese beauty care circle by western media. The highest philosophy on beauty "Customized Personal Beauty" and "Beautifulness of Spirituality" initiated by her is helping each woman to find a true self. She is a successful example for female of Chinese beauty care industryin new age.

Asian iconic expert and tutor of micro-plastic surgery design
Joint founder of aesthetic concept "Customized Personal Beauty"
Senior international expert of beauty design
10 years engaged in professional high-end beauty care dressing and style-shaping
— — micro-plastic surgery

朋友寄语

从一家小小美容院开始进入美业，虽有艰辛但更多美丽愉悦更多收获，是共同的经历也是命运的安排，让我和郑涵文怀有共同梦想的一起。一路走来，有风雨有荆棘更有彩虹，姐妹情深扶持成长，只为美丽是我们共同的信仰！

如果某些人是肩负使命来到人世，那么涵文小姐就是这样的一名女子，她的生命就是美丽的化身，她美于形而秀于内，清澈如山林小溪，灵动如山水画卷，演绎美传播美是她的使命，她对于时尚及一切美丽元素天才般的领悟和洞察力，让她终走在美丽的最前沿。我常想身为女人我们可以一起创造一份美的事业，是何等幸福，在共同经历的岁月里，我们彼此支持，不离不弃，无论遇到多少困难，我始终坚信她是为美而生的天使，我愿意在她成功的路上一起捍卫我们彼此的选择，为我们共同的美学品牌，我们彼此最难得的姐妹情谊！

在此我想对涵文说："这本书是你人生新的开始，我们应该感恩过去，为我们共同经历的一切。"

柏荟国际医美 品牌联合创始人　曹汝萍

认识涵文老师真是一个美好的巧合，在香港的 IMCAS 国际医学大会我的演讲上一个美丽的东方女子如此认真地聆听关于最新的尿酸注射技术，会后又特意留下来跟我做了很多顾客的术后观感交流。在几次跟涵文老师的越洋往返邮件，我发现她对美有超越国界、超越人种、超越年龄的独特见解。 这些甚至是我一个从是整形科医师数十年的医学人都自叹不如的。是啊，其实美是一种生活的态度，一种理想的坚持，甚至每一天每一个时刻都要认真努力的终极目标。这些都是我从她的举手投足之间感受到的。很高兴这位美丽聪慧的女子将要把她的心情集结成为文字图片，终于成为我们握在手中，看在心里的美丽。 衷心地祝福涵文老师，我相信有爱的路上一定充满温暖的阳光。

瑞兰公司全球临床医师指导教授　Bruno Du Meyere

生命本是一场精彩的奇遇。一直以来，我始终坚信人与人之间的缘分是一种能量和磁场的吸引，就像我与宋策的相识是因为一次节目的录制，虽是初次合作，却给我们彼此留下特别美好的印象；而与涵文的缘分更是源自于我们同样对于灵性和灵魂的信仰，因此，我们都选择了前往印度，以此来"定制"我们灵魂层面的美丽。我相信，灵魂纯净的人，才能创造出这个世界上真正美丽的人，因为真正的美丽，应该是由内而外的。

　　演员 莫小棋

特别鸣谢：

 柏荟国际医美

视觉造型总监： 宋策

化妆造型：宋策明星视觉造型团队
图片摄影：倪良 / 印航 / 宋策
图书设计：戴萌

服装鸣谢：

合作商：

深圳百丽雅

上海 1855 高级会馆

海外媒体支持：

RTS(Radio Television Suisse) 瑞士国家广播电视台

国内媒体支持：

特别鸣谢：

Lake Geneva Region 瑞士日内瓦湖区旅游局

鸣谢酒店：

BEAU–RIVAGE PALACE

HOTEL DES TROIS COURONNES

GRAND HOTEL DU LAC

Olhuveli Beach & Spa Resort 马尔代夫双鱼岛

Saint James Paris

鸣谢 SPA：

CINQ MONDES SPA Lausanne

PURESSENS DESTINATION SPA

Saint James Paris SPA

43 Spa Geneva by Valmont

Joelle Ciocco 巴黎工作室

Clinique Lémanique 瑞士莱蒙湖医疗美容诊所

Clinique La Source

Le Grand fille&fils 酒行

Les Ambassadeurs 珠宝店

Seraphin 皮衣定制

Voyaluxe 旅行社

图书在版编目(CIP)数据

私人美丽定制 / 宋策，郑涵文著. — 桂林：漓江出版社，2013.5（2013.9重印）

ISBN 978-7-5407-6537-8

Ⅰ.①私… Ⅱ.①宋…②郑… Ⅲ.①女性–服饰美学–基本知识②女性–美容–基本知识 Ⅳ.①TS976.4 ②TS974.1

中国版本图书馆CIP数据核字(2013)第092126号

私人美丽定制

作　　者：	宋　策　郑涵文
策划统筹：	符红霞
责任编辑：	符红霞　王欣宇
责任监印：	唐慧群
摄　　影：	倪良 / 印航 / 宋策

出 版 人：郑纳新

出版发行：漓江出版社

社　　址：广西桂林市南环路22号

邮　　编：541002

发行电话：0773-2583322　　010-85891026

传　　真：0773-2582200　　010-85892186

邮购热线：0773-2583322

电子信箱：ljcbs@163.com

　　　　　http://www.Lijiangbook.com

印　　制：北京盛通印刷股份有限公司

开　　本：965×1270　　1/16

印　　张：15.75

字　　数：100千字

版　　次：2013年6月第1版

印　　次：2013年9月第2次印刷

书　　号：ISBN 978-7-5407-6537-8

定　　价：48.00元